U0233266

天 津 水 务 志 丛 书

大港区水务志

（1991—2009年）

天 津 市 水 务 局
天津市大港区水务局　编

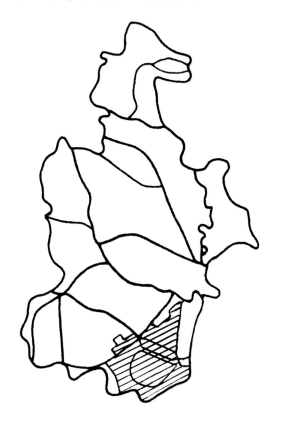

中国水利水电出版社
www.waterpub.com.cn
·北京·

内 容 提 要

《大港区水务志（1991—2009年）》全书以章、节、目划分层次共设十章三十九节。首章为水利环境，依次为水资源、防汛抗旱、农村水利、供水与排水、工程管理、水法制建设、机构与队伍建设、水利基础工作、水利经济等内容，另有综述、大事记、附录、索引、编后记。

《大港区水务志（1991—2009年）》以水利发展为主线，系统记述了大港区水务（水利）的历史和现状，内容丰富、资料翔实，具有较强的使用价值和存史价值，可供水利及有关部门的领导和工作人员参考。

图书在版编目（CIP）数据

大港区水务志：1991-2009年 / 天津市水务局，天津市大港区水务局编. -- 北京：中国水利水电出版社，2017.7
   （天津水务志丛书）
   ISBN 978-7-5170-5727-7

Ⅰ．①大… Ⅱ．①天… ②天… Ⅲ．①水利史－大港区－1991-2009 Ⅳ．①TV-092

中国版本图书馆CIP数据核字(2017)第188106号

书　　名	天津水务志丛书 **大港区水务志**（1991—2009 年） DAGANG QU SHUIWU ZHI（1991—2009 NIAN）
作　　者	天津市水务局　天津市大港区水务局　编
出版发行	中国水利水电出版社 （北京市海淀区玉渊潭南路 1 号 D 座　100038） 网址：www.waterpub.com.cn E - mail：sales@waterpub.com.cn 电话：(010) 68367658（营销中心）
经　　售	北京科水图书销售中心（零售） 电话：(010) 88383994、63202643、68545874 全国各地新华书店和相关出版物销售网点
排　　版	中国水利水电出版社微机排版中心
印　　刷	北京瑞斯通印务发展有限公司
规　　格	210mm×285mm　16 开本　17.25 印张　352 千字　8 插页
版　　次	2017 年 7 月第 1 版　2017 年 7 月第 1 次印刷
印　　数	001—800 册
定　　价	**118.00 元**

▲2000 年 8 月 20 日，天津市委书记张立昌（右一）、市长李盛霖（左一）参加引黄济津义务劳动

▶1996 年 10 月 8 日，天津市副市长朱连康（右三）、大港区副区长王强（右一）等领导视察稻田

◀2006 年 7 月 20 日，天津市副市长孙海麟（左二）视察沿海防潮工作

▶1992 年 2 月 25 日，天津市水利局局长张志淼（左三）听取区、镇领导汇报泵站建成后效应

◀1996 年 5 月 25 日，天津市水利局局长刘振邦（右四）、大港区委副书记王伟庄（右一）等领导视察环港工程

▶1993 年 9 月 28 日，大港区区长罗保铭（左三）听取现场施工负责人介绍施工情况

◀2008 年 3 月 7 日，大港区委
书记张继和、区长张志方检
查湿地公园建设情况

▶2008 年 7 月 17 日，大港区
委书记张继和、区长张志方
检查防汛工程

◀2009 年 5 月，大港区委书记
张继和、区长张志方检查泵
站排水情况

▶2009 年 6 月，大港区委书记
张继和、区长张志方检查城
区泵站

◀2009 年 6 月，大港区委书记
张继和、区长张志方检查防
汛工程

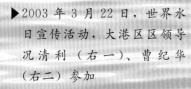

▶2003 年 3 月 22 日，世界水
日宣传活动，大港区区领导
况清利（右一）、曹纪华
（右二）参加

▲2001年3月10日，天津市大港区水务局揭牌仪式

▲大港城区雨排总站一期工程竣工后外观（摄于1996年）

▲1998 年 3 月，大港区水政监察大队成立，大港区领导王耀宗（右四）、王伟庄（左三）、王强（左一）出席

▲2006 年 1 月 25 日，大港联合供水公司成立

▲工人正在进行防潮加固（摄于1999年）

▲海堤加固工程青静黄挡潮闸下游左堤段（摄于2009年）

▲大港区马厂减河右岸护砌工程（摄于2008年）

▲大港区沧浪渠分洪道工程（摄于2008年）

▲橡胶坝主底浇筑（摄于 2004 年）

▲大港区十米河拥军桥工程（摄于 2008 年）

▲城排明渠绿化西岸工程（摄于 2009 年）

▲南和顺饮水安全工程，除氟站内部设备（摄于 2006 年）

▲大港"411"工程实施后的大棚蔬菜（摄于 1995 年）

▲实施环港灌溉工程中新开发的稻田工程（摄于 1996 年）

天津市大港区行政区划图

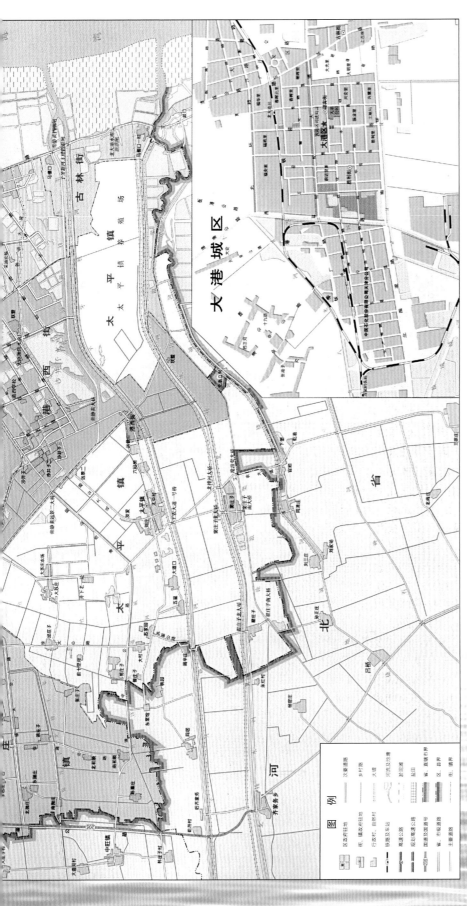

注 图中所绘各种界线仅供参考，不作正式行政区划依据。

大港区河道分布示意图

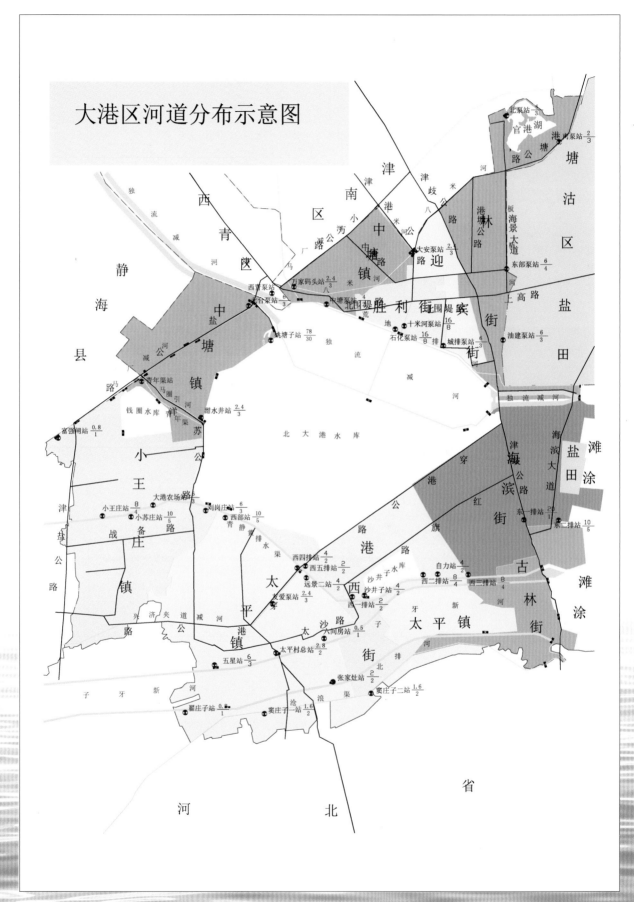

注　图中所绘各种界线仅供参考，不作正式行政区划依据。

天津水务志编纂委员会组成人员

(2014 年 9 月—)

主 任 委 员　朱芳清

副主任委员　张志颀　　赵考生　　丛　英(女)

委　　　员（以姓名笔画为序）

于建丽(女)	万继全	王立义	王志华
王洪府	王朝阳	邢　华	吕顺岭
朱永庚	刘　哲	刘　爽	刘凤鸣
刘玉宝	刘学功	刘学红(女)	刘福军
孙　轶	孙　津	闫凤新	闫学军
严　宇	杜学君	李　悦	李作营
杨建图	佟祥明	汪绍盛	宋志谦
张迎五	张贤瑞	张金义	张建新
张绍庆	张胜利	邵士成	范书长
季洪德	金　锐	周建芝(女)	孟令国
孟庆海	赵万忠	赵天佑	赵国强
赵宝骏	姜衍祥	骆学军	顾世刚
徐　勤	高广忠	高洪芬(女)	郭宝顺
唐卫永	唐永杰	陶玉珍(女)	黄燕菊
曹野明	梁宝双	董树本	董树龙
景金星	蔡淑芬(女)	端献社	魏立和
魏素清(女)			

编办室主任　丛　英(女)

天津水务志丛书《大港区水务志》
总 编 审 人 员

总　　编　朱芳清

副 总 编　张志颇

分志主编　丛　英(女)

分志编辑　丛　英(女)　艾虹汕(女)　段永鹏　　王振杰

评审人员 （以姓名笔画为序）

　　　　　　王世杰　　　丛　英(女)　李红有　　杨树生

　　　　　　张　伟　　　孟祥和　　　赵考生

版式设计　丛　英(女)　孙宝东

目录翻译　潘喜悦(女)

《大港区水务志（1991—2009年）》
编纂组名单

组　　长　夏广奎

副 组 长　王星堂　　　孙宝东

主　　编　孙宝东

副 主 编　徐廷云(女)　郭庆桥

采　　编　王永新　　　王云慧(女)　腾吉瑞　马旭丽(女)

图片编辑　张潮增　　　李秀玲(女)

封面摄影　姚建国

序

揆古察今，以往知来。借鉴历史的经验，是认识社会发展规律的必由之路。盛世修志，传承文明也是中华民族的优良传统。

在大港区第一部水利志书问世 20 年以后，《大港区水务志（1991—2009 年）》续修出版，可谓大港区水务发展史上的一件大事、盛事。

《大港区水务志（1991—2009 年）》，涵盖了 1991—2009 年大港区的水务工作，涉及水利环境、水资源、防汛抗旱、农村水利、供水与排水、工程管理、水法制建设、机构与队伍建设、水利基础工作、水利经济 10 章，记述了近 20 年来大港区水务（水利）发展的历程，体现了大港区水务队伍甘于吃苦、无私奉献、攻坚克难、积极进取的精神风貌，展示了近 20 年来大港区水务人取得的工作业绩。

我作为这一时代的亲历者和见证者，在通读《大港区水务志（1991—2009 年）》的过程中，心潮澎湃，感慨万千。1990 年以后的 20 年，是伴随着大港区的改革开放、经济腾飞，大港区水务事业发展最快、取得成就最大的 20 年。在这 20 年中，经过大港区水务工作不断调整和完善治水思路，实现了从传统水利向现代水务的转变，实现了从单一为农村服务向为社会提供全方位服务的转变，实现了从水利工程建设到节水型社会管理的转变，实现了从满足城乡供水向水利经济综合发展的转变。在这 20 年中，大港区的水务工作所取得的方方面面的辉煌成就，为大港区经济社会可持续发展创造了良好的水环境，提供了强有力的水支撑。

《大港区水务志（1991—2009 年）》的编修者本着实事求是、尊重历史、尊重现实的原则，深入调研、反复查证，客观、公正、翔实地记述了大港区水务事业的发展变化过程，突出了大港特色，付出了艰辛的努力和大量的心血。同时，在整个编修过程中，天津市水务局续志编委会及有关单位给予了大力支持和指导，在此，一并深表感谢。

居今而知古，鉴往以察来。希望《大港区水务志》能在未来水务建设过程中发挥"资政、存史、教化"的作用，为滨海新区水务事业的发展做出应有的贡献。

夏广奎

2014 年 10 月

凡　　例

一、《大港区水务志（1991—2009 年）》（简称本志）是天津水务志系列丛书之一，本志坚持以马列主义、毛泽东思想、邓小平理论和"三个代表"重要思想为指导，深入贯彻落实科学发展观，坚持实事求是的科学态度，力争做到思想性、科学性、资料性的统一。

二、本志为大港区水利专业志书，是继上部《大港区水利志》（截至1990 年）出版以来的续编，上限 1991 年 1 月与前志衔接，下限断至 2009年 12 月，为保持志书的连续性与完整性，可适当上溯和下延。

三、本志遵循修志规定和要求，记述地域以现行大港区行政区划为准，凡志书中涉及区、镇、村名时，一律按当时称谓记述加注解。

四、本志采用述、记、志、传、图、表、录等体裁，以志为主，综合运用，结构为章、节、目。大事记以编年体为主，辅以纪事本末体。表序号排列为章号—节号—总序号。

五、资料来源以档案及文献资料为主，外调材料、口碑资料为辅，坚持精推细敲，存真去伪。统计数字以统计部门核定数据为准。

六、本志采用规范的语体文记述体。文字、标点符号、计量单位及数字的使用均以国家规定为准。注释采用脚注。文中所记地面高程均为大沽高程，其他高程均在志书中标明。

七、本志书坚持生不立传的原则，对在水利事业上有突出贡献的人物，只在有关章节上做简要介绍。

目　录

第四章　农村水利

第五章　供水与排水

第六章　工程管理

第七章　水法制建设

第八章　机构与队伍建设

第九章　水利基础工作

第十章　水利经济

Contents

Chapter 7　Construction of Legal System in Water

Chapter 8　Organization and Team Building

Chapter 9　Water Conservancy Basic Work

Chapter 10　Water Conservancy Economy

综　述

大港区建制于 1979 年 11 月 6 日，至 2009 年 11 月，与塘沽区、汉沽区一起合并为滨海新区。大港区地处天津市东南部，滨海新区南部，东临渤海，西与静海县接壤，南与河北省黄骅市为邻，北与津南、西青两区交界，区域总面积 1113.83 平方千米。境内有一级防洪河道 3 条，即子牙新河、独流减河、马厂减河（上段），二级河道 8 条，即青静黄排水渠、北排河、沧浪渠、兴济夹道、荒地排河、马厂减河（下段）、十米河、八米河 8 条。中部有北大港水库，占地 149 平方千米，占大港总面积的 13.38%，区域内以平原为主，陆地呈环状分布在水库四周，地势平坦，高差不大，平均海拔为 2 米。

区域内水域面积 240 平方千米，占总面积的 21.56%，包括一座大型平原水库-北大港水库，两座小型水库钱圈水库、沙井子水库和正在开发建设之中的水面面积 7.94 平方千米的官港森林公园。

2009 年，大港区耕地面积 131.87 平方千米，区域内生产总值达 486.28 亿元，其中第一产业 1.98 亿元；第二产业 377.04 亿元；第三产业 107.26 亿元。区域内有海岸线 28.77 千米，可利用荒地 70.49 平方千米，地热面积 62 平方千米，具有丰富的海盐资源，石油资源也比较丰富，已探明石油地质储量 8.96 亿吨，天然气储量 780 亿立方米，丰富的资源优势为石油、石化和海洋化工等产业的发展提供了得天独厚的条件。近年来，大港的经济迅速发展，城镇化、工业化及产业结构调整优化迅猛推进。区域内除密集着大港油田、天津石化公司、天津联化公司、中石化四公司、大港电厂等一批大型、特大型企业以外，还有近 1500 家中小企业，形成了金属制品、机械加工、汽车配件、化工、建材、橡塑等骨干行业。同时大港区域还大力建设工业园区，鼓励镇、村重点在基础设施建设上加大力度，采取村、企合作或镇、村合作等方式开发，将土地资本作为农民股权，转变生产经营方式，实现农民效益的最大化。2009 年已规划建设工业园区 23 个，总面积 29.8 平方千米，已动工建设 12 个，开发面积 2.71 平方千米，极大地促进了大港区乡镇企业的发展。

由于大港区是九河下稍的最末端之一，是大清河、子牙河两大水系行洪入海的必经之地，特殊的地理位置决定了水利建设、改革和发展始终是历任区委、区政府的重要工作任务。自建区以来，各级党政领导带领全区上下，"兴水利，除水害"，对境内的独流减河、马厂减河（上段）、子牙新河 3 条一级河道和青静黄河、北排河、沧浪渠、兴济夹道排水渠、八米河、十米河、荒地排河、马厂减河（下段）8 条二级河道全面实施疏浚、治理和维护，使境内 226.52 千米的河道堤防达到 50 年一遇的设计标准，经受住了"96·8"特大洪水和历次沥涝灾害的考验，确保了大港区人民群众的生命财产安全。经过 30 年的艰苦奋斗，修建大型国有泵站 17 座，小型国有泵站 219 座，农田干、支、斗渠 1219 条，配套闸涵 2743 处，打深机井 342 眼，初步形成了排灌自如的农田灌溉体系，基本改变了农民"靠天吃饭"的局面。在此基础上，大港区水务局针对大港地区水资源严重匮乏的实际，大力推进科技兴水步伐，在天津市水务局的大力支持下，积极推广 U 形渠、防渗渠道、移动式喷灌、滴灌等高科技节水技术，并将信息技术和水资源管理结合起来，在全市率先建立起以 GPS 为核心技术的水量遥测系统，彻底结束了在大港区实行多年的水资源"包费制"的历史，使农田灌溉由过去的大水漫灌转变为计量供水，大大降低了农田的耗水量，提高了农业的产出效益。2010 年，党中央、国务院将水利设施建设列入国民经济基础设施建设的首位，极大促进了水利事业的发展，大港区水利局乘势而上，积极拓宽管理范围，摆脱了以往水利单一服务农村的模式，管理范围向城市供水、城市水资源管理等各个领域拓展，为社会、为企业、为城市提供更多、更好的服务，使水利事业得到了前所未有的蓬勃发展，水利基础设施地位得到全社会的认可。2001 年 2 月 16 日，大港区水利局更名为大港区水务局，标志着大港区"一龙管水"格局的初步形成，水务工作的重点开始转移到推进水务一体化上来，水务事业的发展上升到更高、更广的平台。

水务一体化的推行，使水利工作引起全社会的关注，水利是国民经济命脉的重要性得到了公众的认可。1995 年实施的城区雨排工程和大港水厂建设工程，使大港城区的防洪排沥能力达到 50 年一遇的标准，结束了一遇较大降雨，居民住房就被淹泡的历史。随着大港水厂正式向城区供水，使长期以来依靠饮用苦咸、高氟水度日的大港人民喝上了甘甜、清澈的滦河水，并有效地控制了地下水的开采量，缓解了地面沉降速度。水务建设不仅提高了人民群众的生活质量，而且进一步完善了城市基础设施，提高了城市的承载能力，为保持大港经济社会持续、协调、稳定发展创造了良好的水环境。

大港区水利事业自 20 世纪 90 年代以来，取得了长足的发展，主要经历以下两个阶段。

第一阶段：1990—2001 年。进入 20 世纪 90 年代后，大港区的抗旱形势更加严峻，加之上游地区乡镇企业的发展，大量未经处理的污水排入河道，致使大港区境内的北排河、沧浪渠、青静黄排水渠水质严重恶化，达不到农业灌溉用水标准。为此，大港区水利局提出了"一库（北大港水库）有水保全区，两河（子牙新河、独流减河）有水南北调"的治水思路，并组织实施了"引独（独流减河）入马（马厂减河）工程""411 抗旱打井工程"和"环港水利配套工程"，总投资 4000 多万元，新打深机井 40 眼，围绕北大港水库新建了一大批引水设施，大力推广防渗渠道、U 形渠、移动式喷灌设备等节水抗旱设施，提高农业灌溉水利用率，极大提高了大港区的抗旱减灾能力，为确保了农村的稳定做出了积极的贡献。在此期间，大港区人民还经历了"96·8"特大洪水的考验，在区委、区政府的领导下，全区人民团结一致，众志成城，夺取了抗洪救灾的伟大胜利。

第二阶段：自2001年2月大港区水务局挂牌至2009年11月滨海新区改革，大港区政府撤销，成立滨海新区大港管委会。2001年2月16日，大港区水务局正式挂牌，标志着大港区的水利建设进入了一个全新的时期。大港区水务局的工作重点转向推动水务一体化建设，水利工作也从单一为农村服务，转向为全社会提供全方位服务的水务工作上来。尤其是"十一五"期间，大港水务局明确提出"以服务大港区经济和社会发展用水需求为中心，提高防洪抗旱减灾能力，提高安全供水能力，提高城乡节水控沉能力，提高农村水务工作能力，实现民生水务和谐发展工作目标"的总体思路，全力推进水务工作的落实。坚持"规划先行，预中求立"。立足实际，编制了河道除险加固、农田水利基本建设、城乡供水排水等规划。本着"科学实施，分步推进"的原则，充分发挥规划的作用，使水务事业保持了强劲的发展势头，取得了良好的效果。坚持"立足于防，确保人民群众度汛安全"。针对大港区处于大清河、子牙河两大水系最末端的特殊地理位置，立足防大汛抗大洪，实施海挡设施建设、荒地排河除险加固等防洪工程建设，不断提高防洪减灾能力，基本实现了"河畅、堤牢、闸灵、泵转、站好"的目标要求。同时，认真抓好各级防汛组织机构建设和《大港区城市防洪应急预案》等防汛预案的落实，组建了抗洪抢险队、排涝抢险队，加大防汛检查力度，在大港地区遭遇到百年不遇的风暴潮和多次大暴雨的情况下，保障了人民群众生命财产的安全。坚持"合理配置，不断增强供排水功能"。紧紧围绕服务经济和社会发展用水需求，加快供排水工程建设，实施了南港工业区输水工程、港东供水管线铺设工程、陆港橡胶公司供水、城区雨排泵站改造、南港工业区排水等供排水工程项目，有效地保证了经济社会的可持续发展。坚持"创新理念，推动节水控沉工作开展"。以实现民生水务和谐发展为目标，以创建节水型企业（单位）为载体，创造性地开展节水工作。重新理顺了管理职能，利用信息技术建立起水量遥测管理系统，实施了大港电厂废水处理、中水利用、南开大学滨海管理学院雨水回收等节水工程，推进了计划用水工作，落实了《大港区开采地下水的禁限采规定》，完成了市下达压采指标，有效控制了地面沉降。积极开展节水宣传和节水企业（单位）创建工作，有12家企业（单位）、学校被市政府授予市级节水单位称号，得到了天津市专家验收组和市水务局领导的高度评价。坚持认真贯彻落实党的"三农"政策，以加快农田水利基本设施建设为核心，大力实施农田水利工程和移民工程建设，完成港西街万亩农田基本建设示范工程、农田节水工程等一批农田水利工程建设项目，使大港的农村耕地泵站、机井等得到了更新改造，农田的排灌标准进一步提高。坚持"严格执法，加大水政执法力度"。组建水政监察直属大队，依法查处河堤取土、在河道滩地修筑阻水坝埝、擅自凿井等多起水事案件，组织开展"水法科普讲座""送水法知识下乡"等系列水法宣传活动，进一步增强了全民的水法制意识。

大港区的水务事业的发展为大港区的经济社会协调、稳定、持续发展创造了良好的水环境。首先，改变了农业生产的基础条件。通过修建大批农田水利基础设施，建成近33.35平方千米"旱能浇，涝能排"的高产、稳产农田，改变了以往"靠天吃饭"的落后局面，确保了广大农民的口粮田；其次，提高了城市的承载能力，通过实施"引滦入港"工程和"滦河水入农户"工程，为全区居民提供了安全可靠的饮用水源，为大港境内工业提供了良好的水源条件，有力促进了大港城市基础设施建设；第三，改善了大港区的生态环境，通过实施环港河工程等一系列水环境治理工程，使大港的生态环境得到较大改善，为实现区委、区政府提出的建设"宜居城市"的工作目标创造了良好的条件。

二十年以来，大港区在水务事业既取得了一些成功经验，也暴露出一些问题。首先，在当前和今后一个时期内，缺水问题依然是困扰大港经济社会发展的主要问题；其次，河道淤积，防洪除涝能力降低问题；第三，水利工程设施逐年老化，损坏严重问题；第四，随着南港工业区建设，海挡工程建设标准偏低问题。以上这些问题是大港区水务事业发展所面对的，而且是必须要解决好的问题，只有解决好这些问题，才能更好地推进民生水务的发展，才能为滨海新区的建设与发展提供更加有力的水利保障和支撑。

大事记

1991 年

6月12日　水利部副部长严克强率检查组视察大港区防汛工作。检查组一行10余人到大港区的独流减河十号口门、工农兵防潮闸、十二井分洪道等处现场检查防洪措施落实情况，区委书记、区长文忠就大港区河道海口淤积，黄骅市歧口村在沧浪渠拦河打坝及污染等问题做了汇报。大港石油管理局局长张树明等提出利用子牙新河分泄大道超标洪水的方案，严克强提出油田尽快拿出规划，汇同海委共同论证。

6月15日　区政府召开大港区1991年防汛工作动员大会，大港区防汛指挥部常务副指挥、副区长陈玉贵在会上做了题为"立足于防，确保安全，为经济发展做贡献"动员报告。大港区防汛全体成员，各乡镇、厂矿、企业及有关单位主管防汛工作的领导约60人参加会议。

7月30日　大港区召开防汛紧急会议，副区长陈玉贵主持会议，强调通信工作在防汛中的重要性，一致认为应更新老设备，引进先进设备。会后，区财政和区水利局各投资10万元，购置防汛固定电台10部、车载台3部、手持台9部、移动电话3部，提高了通信效率，在防汛抢险中发挥了重要的作用。

8月1日　副市长陆焕生带领市农委副主任张中浩、天津市水利局副局长单学仪等一行，到大港区检查沥涝情况，并查看了青静黄排水渠海口拖淤情况，沙井子险段油田损失等，听取了太平镇、沙井子乡、大港油田的防汛工作汇报。大港区区长、区防汛指挥部指挥文忠，常务副指挥陈玉贵、副指挥刘捷清、大港石油管理局局长张树明及乡镇领导40余人参加会议。

8月27日　国家防汛抗旱总指挥部办公室，海河水利委员会（简称海委）和海河下游管理局，以及天津市水利局领导、水利专家教授、工程技术人员一行60余人到大港区视察独流减河，研究恢复设计流量3200立方米每秒可行性。

10月6日　天津市农委顾问、天津市政协经济委员会副主任、农林组组长杨毅，农牧渔业部环保监测所所长、研究员、市政协农林组副主任顾方乔，引滦工程管理处高级工程师宋穗民，市水利局水文总站高级工程师李占云，市政协专业办副主任褚天平等来大港区检查工作。检查远景三村农田水利基本建设情况，听取了关于大港区建区以来水利建设成绩和存在问题的汇报。

10月23日　天津市水利局在于桥水库管理处召开天津市水利基建管理暨质量监督工作会议，副局长刘振邦、副局长赵连铭出席会议并讲话，市水利局有关处室、各郊县水利局局长参加，会议传达了水利部在兰州召开的基建工作会议精神，在兰州会议上，大港区水利质量监督站被评为先进单位，区水利局副局长夏广奎被评为质量监督部级优秀个人。

10 月 30 日　海委组织北京市、天津市、河北省、山西省、内蒙古自治区厅（局）组成的水利基建工程联合检查组。对大港区刘岗庄扬水站重建工程进行了检查，并听取质量监督汇报。参加人员为水利部质量监督总站丁文、海委基建处副处长丛文德、北京市水利局陆隆祥、河北省水利厅段增印、山西省水利厅徐贵如、内蒙古水利厅张文祥、天津市水利局基建处处长康济等。大港区水利局副局长宋文友、贾发勇和夏广奎等陪同检查，通过现场察看，检查组成员一致认为：刘岗庄扬水站质量优良，工程虽不大，但各部位都做到了精雕细刻，给予了很高评价。

1992 年

1 月 10 日　水利部部长杨振怀在海委副主任张锁柱，天津市水利局局长张志淼、副局长何慰祖等 20 余人陪同下，检查了大港区主要一级、二级河道（独流减河、青静黄、沧浪渠及大港水库十号口门），大港区政府副区长赵光明，区水利局局长刘捷清、副局长宋文友陪同。

6 月 12 日　大港区防汛指挥部下属 40 多个单位 70 余人，在大港区区政府召开 1992 年防汛动员大会，由区政府办公室副主任、区防汛指挥部副指挥赵英主持会议。区水利局局长刘捷清对 1992 年防汛工作提出安排意见，代区长罗保铭、副区长陈玉贵分别作了重要讲话，大会强调防汛工作要"常备不懈，安全第一，以防为主，全力抢险"的十六字方针，落实好责任制，并重新调整了大港区防汛指挥部成员，指挥部下设大港城区指挥分部等 14 个骨干分指挥部。会后，区防汛指挥部成员对独流减河左堤进行了实地检查。

1993 年

3 月 8 日　天津市市长张立昌、副市长朱连康到大港区视察抗旱工作，要求大港区要立足长期抗旱，大力发展"两高一优"农业。

8 月 25 日　海委主任鄂竟平到大港区视察防汛工作，天津市水利局副局长何慰祖、计划处处长申元勋、规划处处长张凤泽陪同视察。鄂竟平一行 9 时 30 分到独流减河进洪闸，大约 10 时到万家码头视察了独流减河左堤，下午区水利局局长刘捷清随同前往沧浪渠、青静黄排水渠进行视察，并就大港区防汛工作做了汇报。

9 月 16 日　天津市水利局水源处处长谭仲平一行 5 人到大港区，研讨天津市防洪规划，调研大港油田分洪道泄洪能力等有关事宜。

9月21日　天津市水利局规划处处长张凤泽、水源处处长谭仲平一行4人来大港区，就海挡问题进行调研，实地进行勘察，并提出了初步意见，要求绘制一份详尽的具有可操作性的海挡图。

9月28日　大港区区委副书记、区长罗保铭视察大港区的农业发展情况。罗保铭在视察区农业重点工程——西部扬水站重建工程后，对工程进度及施工质量表示满意，同时，要求工程参建人员精益求精，保质保量地完成工程建设，力争明年汛前投入运行，发挥其工程效益。

同日　天津市水利局在塘沽区水利局召开海挡建设研讨会，塘沽区、大港区水利局参加了会议，大港区水利局局长刘捷清在会上提出"一遵循、三结合"的海挡治理设想，即遵循自然变迁的客观规律，修海挡与造地结合，与滨海地带交通建设相结合，与河道清淤相结合。

10月9日　国家防汛抗旱总指挥部办公室领导、海委主任张锁柱、天津市水利局副局长何慰祖等一行14人到大港区视察防洪工作。在副区长王强、大港石油管理局副局长张大德、大港区水利局局长刘捷清的陪同下，先后视察了独流减河北堤、工农兵大闸、十二经路分洪道、沙井子行洪道等地。听取了大港石油管理局副局长张大德关于沙井子行洪道规划方案汇报。

同日　大港区政府常务会议审议批准大港区水利局《大港区411抗旱打井工程规划》和《大港区引独入马工程规划》，区长罗保铭主持会议。

12月1日　经区政府常务会议研究，决定将大港区渔苇管理所划归区水利局，即日，区水利局局长刘捷清、区水产局局长李忠祥及有关单位负责人举行了交接仪式。

1994 年

3月25日　大港区水利局副局长王其凤因工作需要，调任区计划生育委员会副主任。

同日　大港区委、区政府任命孙正清为区水利局党委组成员，区水利局副局长。

4月7日　水利部部长钮茂生在天津市政协副主席陆焕生，市政府、市农委、市水利局等有关单位领导的陪同下，视察大港区旱情，对大港区的抗旱工作表示满意，并要求继续抓好抗旱工作，打好抗旱攻坚战。

6月3日　天津市人大副主任张毓环、刘文蕃；秘书长马贵觉等领导，沿独流减河北堤视察大港区防汛工作。大港区领导罗保铭、秦锦英、王强陪同视察。深入现场视察了独流减河险段以及工农兵防潮闸建设情况后，在大港宾馆召开座谈会，会上区长罗保铭、副区长王强就大港区经济发展和目前存在的问题做了专题汇报，汇报着重提出：随着北围堤南三角工业区的发展，以独流减河北堤替代北围堤为天津市南部第一道坚固的防洪线，为堤南三角区建设以及保卫天津和大港的安全度汛提供保障。与会领导听取汇报后，对此方案十分赞同，纷纷表示立即向市防指和国家防总呼吁，争取工程早日上马。

6月15日　大港区人民法院水利巡回庭正式成立。大港区人民法院院长张颖奇，农委主任周文生、水利局局长刘捷清、副局长孙正清以及司法局局长周显平等出席了仪式。

6月21日　天津市水利局副局长刘振邦考察独流减河复堤前可行性研究报告。大港区水利局局长刘捷清、副局长孙正清陪同市局领导到独流减河北堤进行了现场勘察，并就北堤加固工程做了专题汇报。听取汇报后，刘振邦指出，该工程已基本同意，要求大港区做好集资，组织力量等前期准备工作，力争汛前完成北堤加固任务。

7月28日　天津市水利局副局长何慰祖，市水利局修志办主任金荫等一行4人到大港区水利局，推动水利志编修工作，区水利局局长刘捷清及撰稿人信世恒、李承元、孙宝东参加了会议，何慰祖听取大港区水利志编修情况汇报后指出，天津市水利局计划于1995年6月完成修志。因此，希望大港区水利局领导要高度重视，亲自协调，抓紧时间投入资金、人力，把这项工作做好。

1995 年

5月4日　天津市水利局副局长何慰祖带领水源处、工管处负责人到大港区检查中塘泵站的施工和独流减河清障情况，对中塘泵站建设提出要求，并就独流减河清障经费进行研究，原则明确：每年独流减河河心清障费用由市水利局担负50%。

6月15日　天津市防潮分部领导到大港区检查海挡情况，现场了解大港区海挡的成因和现状，提出海挡建设的初步意见。

6月30日　大港城区雨排工程全部完成。经区政府副区长杨钟景同意，定名为大港城区雨排排水总站。

9月4日　天津市水利局规划处处长张凤泽等一行到大港区研究北围堤路降低高程问题，副区长王强、区水利局局长刘捷清、副局长孙正清出席会议。经研究确定：北围堤路下降高度为1.5米，同时，要由区政府投资对独流减河左堤进行加固，以保证天津市度汛安全。

9月13日　天津市水利局党委书记王耀宗到大港区检查水利工作，大港区区委书记只升华、区长杨钟景参加座谈会。会上，讨论了大港区污水排放渠道，王耀宗指出：

独流减河北堤加固问题已成为大港区和整个滨海新区建设的主要问题，大港区委区政府领导要有明确的认识；同时，对于大港地区而言，应该有一个综合用水的规划。并对大港提出的发挥北大港水库水源优势，实施引港工程的设想高度重视，要求要立即形成方案，上报市水利局研究。

10月25日　副市长朱连康到大港区检查农建工作。

11月25日　大港区政府任命高振贵为水利局副局长。

12月17日　大港供水厂正式建成，归属区水利局管理，10时举行了隆重的开业仪式。市水利局党委书记王耀宗、大港区区委书记只升华、大港区原区长罗保铭、区长杨钟景、区委副书记胡文良参加仪式，区水利局局长刘捷清代表区水利局在仪式上发言，仪式上还表彰了在水厂建设中做出突出贡献的先进单位和个人。

12月20日　天津市水利局副局长单学仪带领市农委农业处处长王恒智、市水利局有关处室领导来大港区验收"411"工程实施情况，在听取汇报并现场检查后，市水利局领导对"411"工程的质量进度给予高度评价，指出大港区的南部抗旱工程有深度、有广度，具有示范性、典型性、推广性。

1996 年

3月1日　环港三项调水工程正式启动建设。5月20日，工程竣工。

6月15日　大港区麦田获得大丰收，在35年未遇的大旱之年，由于各项抗旱措施落实到位，夏粮总产2600万斤，为历史最高水平。

7月16日　天津市水利局党委书记王耀宗、局长刘振邦、副局长单学仪到大港区视察环港三项调查水工程的效益情况，大港区委书记只升华、区长杨钟景、副区长王强陪同视察。经过现场视察后，市水利局领导对环港工程的进度、质量和效益给予高度评价。

7月20日　大港区被天津市人民政府评为全市农建工作第二名。

1997 年

1月3日　大港区水利局局长办公会研究建设水利科技培训服务大楼问题，确定建设规模2604.4平方米，投资270万元。

5月20日　国家防总指挥部办公室副总指挥、国务院副秘书长刘济民在天津市防汛指挥部副指挥、副市长朱连康和区防汛指挥部指挥、区长杨钟景，区防汛常务副指挥、副区长王强等领导的陪同下，视察了大港区沙井子乡行洪道北防洪堤建设工程。水利部海河水利委员会、天津市防汛抗旱办公室、天津市水利局、大港区规划土地局及大港油田领导参加视察。

6月18日　市水利局水利志编纂委员会在大港区水利局四楼会议室组织召开《大港区水利志》评审会，天津市水利局党委书记王耀宗、副局长何慰祖、区长杨钟景、市水利局水利志编办室及有关处室领导专家参加评审会，对《大港区水利志》进一步修订提出意见和建议。

1998 年

4月6日　中共大港区委决定建立中共天津市大港区水利局委员会，由董纪明、孙正清、张金鹏、高振贵、张秀启组成，董纪明任书记、孙正清任副书记。

4月25日　大港区水利局工会委员会改选，经职工代表选举，局党委批准新一届工会委员会由高振贵、孙宝东、岳淑琴组成，高振贵任主席，孙宝东任常务副主席。

8月15日　由天津市档案局、天津市水利局、大港区档案局联合组成考评组，对大港区水利局档案管理工作进行现场考评。经过认真评审，大港区水利局档案目标管理通过验收，达到"市一级"标准，并颁发了证书。

1999 年

3月21日　以国家防汛抗旱总指挥部办公室副主任赵广发为组长的国家防汛抗旱总指挥部办公室检查组在天津市水利局副局长单学仪、副区长王强、市水利局农水处、区农委、水利局、农林局主要领导的陪同下，深入到小王庄镇和赵连庄乡实地检查了旱情、抗旱活动情况和抗旱服务组织建设，与当地干部群众共商抗旱减灾大计。

5月13日　大港区政协主席郭子林等40余名政协委员视察大港区率先基本实现农业现代化中塘示范区的工程建设情况。区农委、水利局、农林局、农机局和中塘镇政府的主要领导陪同参加了视察工作。

7月6日　大港区委书记只升华、区长陈玉贵、区人大副主任王伟庄、区政协副主席郭子林、副区长王强等五大机关的领导，冒雨视察独流减河左堤灌浆工程、大港电厂吹灰池段海挡应急加固工程。

8月2日　天津市政协副主席蔡世彦带领部分市政协委员20多人，到大港区视察防汛工程。市水利局党委书记王耀宗和区政协主席郭子林、副区长王强、区水利局党委书记董纪明、局长孙正清陪同视察海挡工程。

2000 年

3 月 10 日　区水利局局长刘捷清离任。

3 月 15 日　大港区水利局副局长高振贵调任海滨街工委书记。

7 月 23 日　大港区水利工程公司举行晋升水利水电工程二级施工资质授牌仪式，市水利局党委书记王耀宗、大港区副区长王强，市水利局基建处、区建委等有关部门的领导及区水利局主要领导参加了授牌仪式。

8 月 12 日　大港区成立引黄济津大港分指挥部，区长陈玉贵任指挥，副区长王强、公安大港分局局长张家应任副指挥，成员由区水利局、区环保局、公安大港分局等单位的领导组成。

8 月 20 日　天津市委、市政府组织天津市党政军 1000 余人到大港区十里横河参加引黄济津义务劳动。市党政军主要领导有市委书记张立昌、市长李盛霖、警备区司令员滑兵来。大港区主要领导只升华、陈玉贵、王伟庄、郭子林等和市领导一起参加义务劳动。

9 月 8 日　大港区常务副区长高振中、区政府办副主任何子成及区计划经济委员会、区财政局、区质量监督站、区建委建管站、斗南监理公司、石化设计院、区水利局、中国铁建十六局集团二处对大港供水厂原水池扩建工程进行了联合验收，参加验收人员一致认为该项工程质量达到了优良标准，同意验收，交付使用。

10 月 31 日　元绍峰通过竞争上岗，被任命为大港区水利局副局长、党组成员。

11 月 8 日　中共天津市大港区水利局第二届委员会完成换届。经批准党组成员由董纪明、孙正清、张金鹏、张秀启组成，董纪明任书记，孙正清任副书记；中共天津市大港区水利局纪律检查委员会由董纪明、段凤芝、贾发勇组成，董纪明任书记。

2001 年

2 月 14 日　市水利局局长刘振邦带领有关处室领导到大港区调研。区领导陈玉贵、王强及区水利局、区编委领导与市水利局领导进行座谈。区水利局局长孙正清汇报了水利局工作，就推动大港区水务改革步伐，实施水资源的统一管理等问题进行了讨论。

2 月 16 日　根据天津市大港区机构编制委员会《关于大港区水利局更名为大港区水务局的批复》文件，大港区水利局更名为大港区水务局。更名后，其机构规格、人员编制及经费渠道均不变。

3 月 10 日　举行大港区水务局挂牌仪式，水务局一体化管理迈出实质性的一步。

6月10日　为了适应市场经济条件下防汛工作的需要，提高抗洪抢险的机动能力，市防汛指挥部决定在大港区组建天津市防汛机动抢险队第二分队，主要负责永定河、永定新河以南地区（不含永定河、永定新河两岸堤防）的机动抢险任务，必要时与第一分队互为机动预备队。按照天津市防汛机动抢险队暂行管理办法的规定，大港区水务局认真做好抢险队的各项准备工作，为完成好天津市境内"急、难、险、重"的防汛抢险任务，区水务局抽调53名精干技术人员和施工人员组成抢险队伍，其中技术人员占40％。队长由大港区水务局主管局长担任，并新建了占地638平方米的仓库，占地3546平方米的停车场，新修机械进出场道路，为机械快速、方便地进出场提供场地。与此同时，抢险队还加强了规章制度建设，制定了15项规章制度，为防汛抢险工作起到重要的制度保障。

7月10日　大港区人大组织常委会部分委员视察大港区防汛准备工作。大港区人大常委会副主任刘桂林、周文生参加视察活动。委员们首先听取了区水务局关于大港区2001年防汛准备工作情况汇报，然后实地察看了青静黄排水渠入海口、子牙新河入海口、沧浪渠入海口、独流减河左堤和城区雨排泵站等防汛工程。委员们一致认为，大港区区委、区政府高度重视防汛工作，防汛工作明确了"以内涝及时排除，行洪保证安全，滞洪减少损失，分洪社会稳定，为确保京、津地区安全度汛和大港现代化建设创造良好的水环境"的目标。坚持"安全第一、预防为主"的方针，立足于防大汛、抗大洪制定预案，无论在组织领导、物资准备、泵站的维修及防汛技术等方面都做了大量认真细致的工作。对此，委员们感到满意和放心，并给予充分肯定。

7月19日　天津市水利局副局长李锦绣带领工管处、水源处、河闸总所等单位的部分负责人，对天津市防汛机动抢险队第二分队的建设情况进行初步验收。区水务局主要领导及抢险队的负责人参加验收工作。天津市水利局领导听取汇报后，到操作现场观看了新购置设备的演练。通过听取工作汇报和实地观看演练，对抢险第二分队给予充分肯定，认为天津市防汛机动抢险队第二分队是一支装备优良、技术过硬、纪律严明、反应快捷、保障有力的防汛抢险机动队伍。

9月11日　大港区防汛机动抢险队通过国家防总的检查验收。

2002 年

9月30日　天津市水利局召开引黄济津动员会，部署引黄济津工程实施方案，天津市水利勘测设计院进行技术交底。大港区水务局派人参加会议。

10月8日　大港区副区长王强召集区水务局局长孙正清、公安大港分局副局长李文英、区环保局局长杨杰祥及各镇街一把手召开引黄济津专题会。会上，孙正清传达了市引黄济津动员会议精神。王强对引黄济津工作提出了具体要求，明确了任务保水护水工作由区水务局和公安大港分局负责，区环保局负责对水质进行监测，确保输水质量。

10月14日　天津市政府督察办副主任朱清相带领市政府督察组对大港区的引黄济津工作进行检查，对坝埝、封堵口门的工程质量给予很高评价。

11月11日　23时30分黄河水到达钱圈水库进水闸。12日13时10分黄河水流入北大港水库。

2003 年

4月21日　大港区水务局获得大港区预防"非典"工作先进集体称号。

5月28日　大港区区长王伟庄主持召开会议，专题研究城区雨、污排泄系统建设工作，常务副区长陈福兴参加会议。会议内容：高标准建设城区雨、污排泄系统是完善城市载体功能、改善城区面貌、优化投资环境、推动大港经济加速发展的需要。

2004 年

4月17日　拆除河道管理所办公楼。

同日　大港水利工程公司大楼（局机关办公楼）开工建设。

12月18日　天津市水利局领导王耀宗、大港区区领导王伟庄等参加大港水利工程公司大楼（局机关办公楼）落成入住典礼。

2005 年

7月22日　大港区政府决定王星堂任大港区水务局副局长，免其大港区人民政府古林街道办事处副主任职。

7月25日　大港区将隶属于区建委的区计划节约用水办公室正式移交区水务局，标志着大港区水资源统一管理工作取得实质性突破。

8月1日　大港区政府决定水务局副局长元绍峰调离大港区水务局，任大港区人民政府港西街办事处主任。

12月6日　大港区政府与市水利局签订《北大港水库综合开发建设框架协议》，为北大港水库综合开发创造了有利条件。工程竣工后，大港区将形成完善、开放、便利的交通体系，为加快大港区经济协调发展和社会全面进步奠定了坚实的基础。

2006 年

1月1日　根据《天津市物价局、财政局关于调整地下水资源收费标准的通知》，调整大港区地下水资源费，统一由 0.5 元每立方米，调整为 1.3 元每立方米。

1月7日　根据天津市编委办公室有关文件要求，为加强对事业单位的管理，经区政府批准、区编委同意，大港区水务局下属的大港区供水厂更名为大港区供水站。

1月25日　大港区供水站资产重组签字仪式在区政府会议厅举行，区领导陈玉贵、邹俊喜和市水利局副局长景悦出席，滨海供水公司董事长刘逸荣、天津海洋石化科技园区管委会主任林雕飞、大港区水务局局长孙正清分别代表合作三方签订合作协议。

3月10日　天津市大港区城市节约用水办公室更名为天津市大港区节约用水事务管理中心。

3月17日　大港区区政府决定成立大港区节水型社会建设领导小组，区委常委、常务副区长陈福兴为组长，副组长为曹纪华、张宝增、张幸福、崔秋凯、洪剑桥、左强、张宗来、孙正清。区有关委局领导为成员，领导小组下设办公室，办公室设在区水务局，孙正清兼办公室主任，标志着大港区节水型社会建设进入全新的阶段。

5月13日　水利部综合事业局、天津市水利局、大港区水务局举行合作签字仪式，标志着天津市水安全高新科技研发中心建设项目正式启动。

7月28日　大港区独流减河段 313.33 公顷苇障清除工作圆满完成。

9月22日　大港区召开农村饮水安全工作会议，研究农村饮水安全工作，协调、落实工程项目财政配套资金等问题，确保农村饮水安全工程顺利实施。

11月5日　大港区区长张志方深入区水务局调研，提出水务工作要适应滨海新区开发开放和建设社会主义新农村的要求，研究水利建设长远规划，干长久见效的事，干打基础的事，干百姓受益的事。

2007 年

2月2日　天津市农村饮水安全暨管网入户工程推动会在大港区海得润滋酒店进行。市水利局副局长王天生、大港区副区长李德林出席会议并讲话，对天津市农村饮水安全暨管网入户工程进行全面部署。

4月12日　天津市人大副主任左明带队检查大港区农村饮水安全工程，查看了工农村饮水安全供水站。天津市水利局副局长王天生、大港区人大常委会主任郭子林、副区长张庆恩陪同检查。

5月18日　根据天津市大港区机构编制委员会《关于大港区水务局加挂大港区供水办公室牌子的通知》，大港区城市供水办公室正式揭牌运行。

6月5日　按照水管单位体制改革方案，经区政府批准，区水务局下属渔苇管理所改为财政差额拨款单位。

7月25日　市水利局副局长景悦带队检查大港区防汛准备工作，并听取了区防办的工作汇报，景悦对大港区的防汛工作给予充分肯定，要求区防办对防汛预案、物资、责任制等再一次进行落实。

9月25日　大港区水务局书记高振贵调经贸委任党委书记，杨志清由物价局调任水务局党委书记。

10月7日　国家海洋局发布渤海、黄海海浪橙色预警，接到通知后，区政府和区水务局立即启动防潮预案，做好沿海抗潮工作。

12月12日　大港区水务局局长孙正清调任大港区农委书记，港西街工委书记左凤炜调任大港区水务局局长。

2008 年

4月17日　天津市首家节水信息网站——天津市大港节水信息网站开通，标志着大港区的水资源管理工作走上信息化、现代化轨道。市水利局副局长景悦，大港区副区长李德林出席开通仪式并讲话。

7月17日上午　大港区区委书记张继和、区长张志方带领区委办、区政府办、区农委、区水务局、区建委等有关部门负责人视察沧浪渠防洪闸、青静黄海口闸、油田防汛物资储备库、城排泵站等防汛重地，现场听取了有关单位的情况汇报，并就进一步做好防汛、防海潮工作提出具体要求。

8月10日　区水管单位体制改革工作全部完成。根据国务院和天津市政府的要求，大港区完成了水管单位体制改革工作，通过改革，进一步明确了水管单位的事业性质，保证了经费来源，严格了编制岗位，稳定了职工队伍。

11月18日上午　海委下游局局长汪大昌带领计划处、防汛办、工农兵闸管理处的处长到大港区水务局进行调研，就进一步加强流域管理与行政区域管理工作进行座谈。区长张志方出席座谈会。

2009 年

1月1日　大港区区长张志方带领区政府督查室等部门负责人来大港区水务局指导

工作，就抓好防汛排水工程建设等问题进行座谈。张志方指出，加强水利基础设施建设要从全区大局的高度出发，认真调研，科学论证，合理规划，精心设计，加快推动荒地排河治理等排水工程建设，切实解决防汛排水中存在的突出问题。

3月11日下午　《大港区防汛抗旱应急响应工作规程》（讨论稿）研讨会在区水务局一楼防汛指挥中心召开。大港区武装部、大港区城市建设委员会、水务局、古林街办事处、太平镇政府、北大港水库管理处等单位的领导参加研讨会。

3月21日上午　大港区"节水进校园"宣传活动启动仪式在世纪广场举行。大港区副区长李德林、天津市水利局副局长李文运、天津市水利局有关处室和区有关部门负责人及学校师生代表参加启动仪式。

5月12日　在区水务局防汛指挥室召开了"水量遥测系统的应用研究及推广"项目验收会，天津市水利局、大港区科委、区农委等相关单位的专家出席会议，一致同意该项目获得大港区第十届科技进步二等奖。

6月4日　大港区副区长李德林带队到大港电厂现场察看大港电厂中水、海水淡化改造工程的具体情况。

7月11日　天津大港节水信息网站通过专家验收。

7月28日　天津市水务局副局长王天生、陈玉恒带领有关处室来大港区查看水环境治理工程，现场指导工作，副区长李德林陪同。

9月3日　大港区水务局和天津市节约用水办公室在大港区世纪广场联合举办"水是生命之源"主题晚会，旨在使节水意识、水法制意识更加深入人心。

10月21日　国务院批复同意天津市调整滨海新区行政区划，撤销塘沽、汉沽、大港三个行政区，成立滨海新区政府。2010年1月11日，天津滨海新区政府举行揭牌仪式。

2010 年

11月29日　滨海新区区委、区政府印发《关于区建设和交通局塘沽、汉沽、大港分局内设机构和人员编制的批复》，相关印鉴同日正式启用。合并后，大港区水务局更名为"滨海新区水务局大港分局"。

第一章

水利环境

大港区地处天津市最南端，东临渤海，南与河北省黄骅市接壤，西与静海县、西青区相邻，北与津南区、塘沽区毗连。境内为平原地貌，马厂减河以北为冲积平原，以南为海积、湖积平原。地形总的趋势为西北高、东南低，地面高程在 3.5～2.3 米之间。土质为潮土和盐土两大类。境内有 11 条一级、二级河道，均为行洪河道，总长度245.66 千米，泄洪能力 10268 秒每立方米。特定的地理位置使大港区不仅要防上游洪水下泄成灾，还要防止内涝发生，同时，还要严防风暴潮的侵袭。从而，使大港区的水利工作更具艰巨性和复杂性。

第一节　气　候

大港区位于天津市东南部沿海地区，介于北纬 38°33′～38°57′，东经 117°08′～117°34′之间，东临渤海，处于大陆性与海洋性气候的过渡带，属温带大陆性季风型气候区。季风特点突出，四季气候分明。春季多风少雨，夏季湿热多雨，秋季干燥气爽，冬季寒冷少雪。年平均气温 11.9℃，1 月平均气温为−4～9℃，7 月平均气温为 26℃，年无霜期约 211 天。冰冻期约 111 天。多年平均降水量 593.6 毫米。汛期 6—9 月平均降雨量492.9 毫米，占全年降雨量的 82%。

大港区的春秋季为季风转换期，春季（3—5 月）干旱多风，温差大，冷暖多变。暖空气开始活动，而冷空气势力却仍较强，造成全区降水很少，形成春季多风少雨；夏季（6—8 月）受西北太平洋副热带高压的影响，盛行东南风，从而带来了海洋的大量湿润空气，形成高温潮湿多雨，雨热同季的气候特征；秋季（9—11 月）冷空气开始活跃，而暖空气仍有一定势力，因而 9 月上旬、中旬仍有部分降水，有时出现阴雨天气，有时会出现较大降雨；9 月底以后，北方冷空气逐渐加强，南方暖湿空气衰退。10 月进入少雨时期，秋高气爽，天气多为晴天。进入 11 月强冷空气开始向南活动，从而偏北大风次数逐渐增多，气温迅速下降；冬季（12 月至次年 2 月）受蒙古冷高压控制，盛行西北风，天气寒冷干燥。气温降至全年最低值，为严寒期。1 月最冷，多西北大风，降水量非常稀少。

第二节　地质地貌和土壤植被

一、地质

（一）地质构造

大港区地质构造单元属于黄骅拗陷的中部，自北而南处于板桥凹陷和北大港构造带及歧口凹陷的北部。板桥凹陷位于板桥油田以西，板桥断块西北部，走向北北东，长42千米，宽4～7千米，面积350平方千米；歧口凹陷位于北大港构造带以南，走向北东，长36千米，宽9～13千米，面积650平方千米。这两个沉积凹陷，分别受北北东向的沧东大断层、北东向的大张沱主断层和港西—滨海主断层控制。北大港构造带位于黄骅拗陷的中部，南北被歧口、板桥两个凹陷夹持，长55千米，宽12千米，面积为610平方千米，轴向北东。构造带两翼的主断裂各自向凹节节下掉，形成了不对称的垒式构造。整个两级带西高东低，向四周倾没，具有背斜带特征的基本轮廓。构造带上发育着中、上元古界，古生界的寒武系、奥陶系、石炭—二叠系，中生界及新生界地层。新生界的上、下第三系为北大港地区的主要层次，港西地区因缺失下第三系而成秃顶。

大港区的基底岩石，主要有碳酸盐岩（白云岩、石灰岩、生物灰岩等）、碎屑岩（砂砾岩、石英砂岩、海绿石砂岩、长石砂岩、火山碎屑岩、粉砂岩等）和火山岩（玄武岩、安山岩等）等3大类。前两类在元古界至新生界，大港区各地层中均有分布；火山岩也存在地层中，是大港区储存油气的储采岩层。大港区基底岩层埋藏较深，在沧县隆起轴部埋深900～2000米。上复地层主要为第四系和上第三系明化镇组。黄骅坳陷次一级构造凹陷区，基岩埋深大于3000米，除中生代白垩系地层外，多为石炭系、二叠系等古生代地层，在凸起部位，基岩埋深一般在2000米左右，基岩以奥陶系和寒武系地层为主。

（二）地层

大港区地层序列南北一致，各主要地层构造如下：

下元古界上部的滹沱系是由一套浅变质岩系组成的地层。中元古界是由海相白云岩和灰岸夹灰泥岸组成的碳酸盐岩。上元古界主要是一套灰岩、石英砂岩、海绿石砂岩夹页岩组成的地层。

下古生界寒武系至中奥陶系，由于地台下沉，海水广泛侵入，形成一套以灰岩夹页岩组成的浅海碳酸岩系。中奥陶世末，地台上隆，地层遭到剥蚀缺失。上古生界，下部主要是以灰色泥岩夹砂岩组成，是黏土和碎屑岩建造；上部是一套连续沉积的巨厚的红色砂泥岩地层。

中生界地层角以红色砂泥岩建造为主，其整个地层为：下部是灰泥岩夹厚砂砾岩；中部为火山岩、火山碎屑夹红色砂泥岩；上部是大段的红色砾质泥岩为主的岩系。

新生界第三系地层，主要是陆相沉积，包括下第三系的沙河街组一段、二段、三段、东营组，上第三系的馆陶组和明化镇组。第四系平原组为黏土为主，夹薄层砾砂岩组成，而上层尚未成岩，表现为松散构造。最上层全新世地层达 100 米以上，主要是由 3 个海相地层和 2 个陆相地层组成。

第一陆相层：底界埋深 2～4 米，主要岩性为黄褐色亚黏土及黏土，一般厚度为 2～4 米。

第一海相层：底界埋深 17～20 米，岩性为浅色、深灰色淤泥质黏土、亚黏土，厚度约为 8～19 米。

第二陆相层：底板埋深 25～30 米，岩性为黄褐色、灰黄色亚黏土及黏土，厚度为 5～7 米。

第二海相层：底板埋深 30～33 米，岩性为灰色、灰黄色亚黏土夹轻亚黏土，厚度为 6～8 米。

海陆交相层：为顶板 30～50 米以下地层。上部为陆相黄褐色、灰黄色黏土和亚黏土，厚度为 15～20 米；下部为海相黄绿色、灰黄色轻亚黏土夹粉细砂，厚度为 9～13 米。

二、地貌

大港区西与静海县接壤，南与河北省黄骅市相邻，北与津南区、塘沽区毗连。东西宽约 36 千米，南北最大纵距约 44.7 千米，总面积为 1113.83 平方千米。

境内马厂减河以北为冲积平原，以南为海积平原和湖积平原。由于沧海变桑田，形成了平原地貌和海岸地貌。

境内为平原地貌，在低平的地貌中，因受古今河流冲积的影响和海、湖相沉积的不均，又呈现出微型起伏不平的高地、平原与洼淀，从而形成了由三角洲、泻湖平原、海积平原组成的滨海泻湖—三角洲平原。

（一）平原

大港区的平原地貌，平坦开阔，地形的总趋势是西北高、东南低，地面高程一般在 3.5～2.3 米之间，平原面积为 682.7 平方千米，占全区陆地总面积 70.91%。

平原较高处主要分布在马厂减河和兴济减河故道沿岸一带，是受河流冲积的影响形成的。近百年来，马厂减河在小王庄、赵连庄一带多次破口决堤，造成淤积。其淤积基本随河流平行分布，靠近河流处淤积厚度达 1.5 米左右，离河较远地区淤积厚度一般为 0.6～0.7 米，主要分布在小王庄、洋闸、赵连庄一带。另受古河道娘娘河（兴济减河）冲积的影响，太平村镇一带沿河两岸淤积一层红土和沙壤土，沿河淤积呈带状分布，淤积厚度，距河较近地带一般淤高 0.7～0.8 米，离河较远地带一般淤高 0.3～0.5 米。海拔 3.5～4.0 米以上的高地，主要分布在马厂减河以南的南台、东河简、西河简、潮宗桥、赵连庄、小王庄一带和兴济减河故道沿岸附近的南和顺、崔庄子、大村、太平村一带；此外，徐庄子、北和顺等地也有零星分布；总面积约为 22.5 平方千米，占全区陆地总面积 2.34%。

（二）洼淀

大港区的洼淀是在海积平原、湖积低平原的成陆过程中，随着海退又接受了泻湖的沉积而形成的。由于海积平原、湖积低平原分布较广，在境内星罗棋布地形成了许多的泻湖、碟形洼地和港淀。

大港区最大的洼淀是北大港，该洼淀是潟湖，系由海湾—潟湖—半封闭潟湖—封闭潟湖—埋藏潟湖—陆地而逐渐形成的。其次是官港湖。这些洼淀的地面高程，绝大部分在 2.3 米以下，地下水位浅，且排水不畅。全区计有大洼淀改造成为大型、中型水库 3座，大小坑塘 202 个，洼淀、草塘 30 多个，总面积为 267.5 平方千米，占全区陆地面积的 27.79%。

大港区的海岸地貌，是海浸又转化海退以后逐渐形成的。海退后，形成了四道贝壳堤及大面积的海涂和潮间带。

（三）海岸线与贝壳堤

1. 海岸线

根据地质考查和对出土文物的考证，大港区的现代海岸线是在新生代第四纪早更新期，世界气候转暖，海平面逐渐升高，黄骅海侵发生海退之后，经过一个漫长时期的变化而逐渐形成的。第四纪大的海侵共发生过 3 次，黄骅海侵是最后一次。它发生在距今约 1 万年，当时的渤海、黄海全部是陆地，经过约 4000 多年的时间，海水西退，距今约 6000～5000 年，海侵达到了最大程度，海岸线西岸大约达到了现天津静海县西部的尚家村附近，以后便发生海退。

距今约 5000～4000 年，海岸线退到了今黄骅县苗庄和大港区沈青庄、大苏庄、翟庄子一线，逐渐形成了沈青庄、大苏庄至苗庄的贝壳堤。

距今 3400 年左右，海岸边线退到今天津市巨葛庄、沙井子和黄骅县跃进桥一带，逐渐形成了北起张贵庄、经巨葛庄、沙井子到窦庄子的贝壳堤。

距今 3100 年前后的商殷后期，黄河在天津附近长期停留和决溢达数百年之久，带来的大量泥沙沉积，在巨葛庄至沙井子贝壳堤以东地区，逐渐形成了北起天津、宁河，南至北大港的狭长洼地。公元前602年，黄河开始南迁，海岸线相对稳定。距今约2500年，由于滹泥河、漳水和海潮的作用，在白沙岭—泥沽—上古林—歧口—南排河一线上，逐渐形成白沙岭—上古林—歧口贝壳堤。其中，春秋时古黄河北支曾在今大港区北台子至万家码头一带入海，秦时移至今黄骅境内。东汉埋藏，滹泥河、漳水在今大港北台子附近入海，大港区2/3没入海水。南北朝时期海水后退，今大港区西部的约一半面积露出海面。其间，滹泥河、漳水入海口也基本移到今大港区马棚口附近。至隋、唐时期，马棚口已成为渤海西岸重要的港口。

距今约600～500年，海岸线退到蛏头沽、大沽至歧口一线，与现今海岸线基本一致。其中，北宋时期黄河北移夺海河干流河道，由泥沽入海，所带大量泥沙，沉积在白沙岭、军粮城、泥沽至歧口一线的东部一带。当时，基本上是马棚口河三角洲冲积的南尖端为轴点，从泥沽海河口开始向东移动。海岸线离开白沙岭、军粮城、泥沽、歧口贝壳堤一线向东推移，北宋时海河口东移到邓善沽附近，元时又到东大沽附近，到明时海河口移至今位置，与今海岸线基本一致。

从调查情况与历史图籍对比分析看，大港地区渤海湾西岸线近百年来的变化状况，基本上可以分为淤进和稳定两种类型。据1907年和1960年地形图对比，渤海湾西部驴驹河至马棚口一段潮间带变窄。又据1963年与1983年海图零米等深线对比，得知天津沿海潮间带零米等深线向外延伸，高沙岭附近淤涨速度为18.6米每年，独流减河河口淤涨速度为90米每年，歧口附近淤涨速度11.5米每年。1960年左右时，船到歧口可以贴岸，20年后因岸滩前淤，船只无法靠岸。从海岸边的现状来看，大港区的海岸是属于我国最典型的粉砂淤泥型平原海岸，潮间浅滩特别发育。潮间浅滩的冲淤动态在动力、沉积物与微地貌等方面，有着显著的差异性，成分带现象，具有一定的季节性变化，在春秋、秋季明显。夏季风浪大，冲刷带多遭破坏，变得模糊，沉积物质有粗化的现象，粉砂带范围扩大；夏季吹东南风时，海上涨潮，滩上上有浮泥活动；夏末秋初，风浪减小，冲刷带逐渐明显扩大；秋冬季节，滩面不断加积；冬季结冰后，岸滩基本稳定，解冻后，滩面堆积着滩滩淤泥。因此，大港地区的海岸线长期稳定在蛏头沽—上古林东—歧口的贝壳堤附近，以至大港区的陆地和海岸线基本上形成了现代的状况。

大港地区陆地和海岸线的形成，是长期海退的结果，是黄河、滹沱河、漳水等多条河长期携带泥沙沉积的结果，是海浪筑堤、河流造路的过程，而由海变陆的演进过程，大约经历了2000年的历史。

2. 贝壳堤

据史地学家研究，贝壳堤的形成系因海浪向岸边冲击力量大于自岸边退回的力量，停积在浅滩底部的较重物质（沙粒、介壳等）被带到沿岸的地方堆积起来形成的，这种蛤蜊堤，当地人又称为蛤蜊封、蛤蜊冈子、沙岭子或岑子垒，而地貌学上则称为"死亡的海岸洲堤"或"贝壳堤"。这些贝壳堤都是古海岸的遗迹。地质学家认为它标志着渤海湾西岸最高潮线的大致位置。

第一道贝壳堤：形成于距今5000～4000年。经考查发现，此堤的南段在大港区的沈青庄、大苏庄、翟庄子河北省黄骅市的苗庄子一带，呈点片分布，宽处有30米左右，厚为1米左右。

第二道贝壳堤：形成于距今3500～2800年，北起小王庄，经张贵庄、巨葛庄、南八里台，以及大港区的中塘、大张坨、沙井子，迄至黄骅市苗庄子，全长约150千米。

第三道贝壳堤：形成于距今2500～1000年。此堤北起白沙岭，向南经泥沽、邓岑子、上古林、老马棚口至歧口。

第四道贝壳堤：形成于距今600年。其分布方向基本与现代海岸线的方向一致，是邻近现代渤海湾海岸线的一条贝壳堤（即现今海岸"活着的海岸洲堤"）。贝壳堤起自大沽，经驴驹河、高沙岭、白水头，向南经唐家河、马棚口至歧口。

（四）滩涂

大港区东部沿海有25千米的海岸线，海岸线比较平直，沿海水域一般水深度不大。经潮汐作用和古黄河与海河水系入海口堆积作用所形成的近海地形，则有高潮线和低潮线之间的海岸滩涂（变称海滩）、海岛和水下岸坡带。

海岸滩涂：大港区海岸属淤积型泥质海岸，其特征是海岸平、堤宽阔、坡度平缓。潮间带底质的组成，除距海岸800米内是粗沙"港地"外，其余全部30～50厘米厚的粉质黏土所覆盖。近海0～5米水深的范围内，沉积物是粉砂加黏土形成的软泥带，离岸较远地区，其沉积物主要为粉砂与空贝壳。边缘有贝壳或沙堤，临海滩涂面积为85.56平方千米（8556公顷），占全区土地总面积的8.15%。

三、土壤

大港区的土壤是长期的海退与河流泥沙不断沉积的过程，经过全区人民长期改造自然，兴修水利，改土治碱而逐渐形成的。

（一）土壤的分类与分布

大港区的土壤可以分为两类，即潮土和盐土；3个亚类，即盐化潮土、盐化潮湿土与滨海盐土；6个土属，即重碳酸盐氯化物盐化潮土、硫酸盐氯化物盐化潮土、重碳酸盐氯化物盐化湿潮土、硫酸盐氯化物盐化湿潮土、氯化物盐化湿潮土和海积盐土，下属43个土种。

潮土类是在河流冲积物受地下活动的影响下，经过耕种熟化而成的半水成土壤。这类土在大港区分布面积较广，共有约 48400 公顷，占全区土壤总面积的 73.89％。其分布随河流走向而变化，主要分布在中塘、赵连庄、小王庄、徐庄子、太平村、沙井子一带，受马厂减河、娘娘河等古河道冲淤影响所致，这类土一般地形较高，地下水位较低。由于河流淤积程度不同，地形高低的不同，在地形较高处为盐化潮土亚类，主要分布在靠近河流部位。由于表层质地及盐分组的不同，这一亚类分为 3 个土属，25 个土种，是大港区适宜耕种的土壤。在地形较低处为盐化潮湿土亚类，是盐化潮土的过渡类型，主要分布在低洼地带、地下水埋深较浅和土壤湿度大的地方。这类亚土有 3 个土属，15 个土种，是大港区不适宜耕种的土壤。

盐土类只有滨海盐土亚类，主要分布在板桥农场、大港油田、沙井子水库四周、上古林以东至马棚口沿线一带，面积约为 17106.67 公顷，占全区土壤总面积的 26.11％。这类土壤含盐量高，不能种植作物，只有部分地块能生长稀疏的耐盐植物，大部分为寸草不生地。这类土有 1 个土属，3 个土种，属难以改良耕种之地。

（二）土壤特征

大港区地势低洼平坦，多静水沉积，由于过去河流泛滥和长期引水，沉积了不同质地的土壤。地形较高的地方为轻壤土和沙壤土，而洼地多为重壤土和中壤土。由于各河流连续和交替进行的冲积作用，土壤层次也较复杂，土壤厚度一般为 0.3～0.6 米。土壤耕层质地主要为中壤土和重壤土为主，轻壤土较少，沙壤土更少。轻壤土和中壤土又称两合土，适耕期长，保肥保水性能较好。重壤土比较黏重，耕性差，适耕期短，湿则出现泥条，干则出坷垃，作物出苗较困难，但其保肥和保水性能好，土壤养分供应慢，肥力后劲大。耕层土壤孔隙度一般 42％～56％之间，全区平均值为 53.02％。土壤代换量低，表土层全区平均值 12.4 毫克当量每 100 克土，一般在 6～12 毫克当量每 100 克土之间。

大港区的土壤地下水位浅，碳酸钙淋作用不强，所以多数土壤剖面为强石灰反应，而碳酸钙的含量较高，表层土壤一般含量为 1.4％～10％，平均值为 6.3％。

全区土壤因属盐化土壤，受土壤盐分和碳酸钙的影响，酸碱度（pH）值大都在 8 以上，7～8 之间的很少，呈偏碱性，不适应施氮肥，对磷肥效果影响也较大。

四、植被

大港区大部分地势低洼，原为沼泽，土地盐碱，原生植被较茂盛，但随着对该地区的开发利用，这些原生植被遭到了不同程度的破坏。全区植物主要以栽培植物为主，野生植物次之。其类型主要可以分为谷物类植物（包括经济作物类），蔬菜瓜果类植物，乔灌木类树木，草本花卉类观赏植物，药用植物，野草、野菜类植物，内陆水生类植物等。

（一）谷物类植物

主要有：冬小麦、春小麦、春大麦、水稻、玉米、谷子、高粱、黍子、甘薯、秫子、豇豆、豌豆、黄豆、青豆、黑豆、绿豆、红小豆、芸豆等。经济作物有棉花、花生、芝麻、向日葵、胡麻、蓖麻、青麻（荷麻）、烟叶等。

（二）蔬菜瓜果类植物

主要有：白菜、菠菜、芹菜、韭菜、香菜、油菜、黄花菜、芥菜、生菜、紫菜头、菜花、茴香、茄子、甜椒、辣椒、卷心菜、葱头、西红柿、洋姜、苤蓝、甘蓝、藕、麻菇、洋葱、土豆、西葫芦、葱、蒜、长豆角、胡萝卜、旱萝卜、水萝卜、青萝卜、红萝卜、蔓荆、黄瓜、菜瓜、冬瓜、南瓜、丝瓜、吊瓜、脆瓜、蔓菁、扁豆、四季豆、葫芦、甜瓜、香瓜、面瓜、西瓜、香椿、桑葚、石榴、海棠、槟子、红果、杜梨、山桃、枣、葡萄、柿子、沙果、李子、杏、桃、梨、苹果等。

（三）乔灌木类树木

一般树种主要有：青腊、绒毛白蜡、龙爪槐、刺槐、国槐、朝鲜槐、红花刺槐、紫穗槐、洋槐、龙须柳、龙爪柳、旱柳、垂柳、馒头柳、立柳、柽柳、水曲柳、桂香柳、白榆、垂榆、法国梧桐、海桐、泡桐、翠柏、洒金柏、桧柏、侧柏、刺柏、龙柏、千头柏、蜀桧、六角桧、毛白杨、大叶黄杨、小叶黄杨、雀舌黄杨、云杉、雪松、油松、黑松、刺梅、珍珠梅、榆叶梅、栾树、元宝枫、四季桂、火炬树、合欢、臭椿、西府海棠、贴梗海棠、木槿、紫荆、红荆、栀子、碧桃、沙枣、杜梨、荣花树、棕榈、大叶芹、小叶芹、苦楝、橡皮树、花树、苏铁、竹子、拘树、五针树、扶桑、得香园、月季、樱花、桃花、山茶花、山桃花、女贞、连翘、金银花、小叶红李、玫瑰、紫薇、广玉兰、丁香、夹竹桃、杜鹃、锦带、米兰、金橘、大叶黄洋球、龟背竹、南天竹、一品红、含笑、代代花、茉莉、枸杞、凌霄、紫藤、常春藤、地锦、无花果、藤萝等。

经济树种：苹果、梨、桃、枣、杏、李子、沙果、石榴、柿树、红果、海棠、桑、香椿、白果、花椒、葡萄、山桃等。

（四）草木花卉类（观赏）植物

主要有：仙客来、球根秋海棠、玉树海棠、四季海棠、中国水仙、石竹、文竹、大丽菊、金盏菊、翠菊、麦秆菊、万寿菊、瓜叶菊、银星秋海棠、美女樱、一点樱、紫茉莉、半支莲、旱金莲、马蹄莲、五瓣莲、澳洲莲、桂花、牡丹、红珊瑚、五色梅、六月雪、昙花、景天、小葫芦、唐菖蒲、为葵、罗葵、天竺葵、巴兰、吊兰、虎皮兰、金边虎皮兰、蟹爪兰、君子兰、丝兰、牛舌兰、紫罗兰、令箭荷花、夜来香、雁来红、凤仙花、矮牵牛、观赏辣椒、美人蕉、扫帚草、百日草、天冬草、麦冬草、芦荟、对红、燕子掌、叶子花、落地生根、山影、玉树、玉簪、晚香玉、太阳花、茑萝、大百花、银边翠、鸡冠花、仙人掌、仙人球、仙人鞭等。其中有部分花卉为温室花卉。

（五）野草野菜类植物

主要有：狗尾草、狐尾草、马唐草、小刺菜、大刺菜、猪耳菜、曲曲菜、皮菜、独行菜、猪毛菜、灰菜、拉拉菜、羊高菜、青青菜、刺蓟、旋花菜、九头菜、奋蓬菜、合八菜、老古金、老古银、苦菜、莲子菜、红娘子、芝麻眼、死不了、燕子尾、马齿苋、洋狗子菜、皮皮根、蓼兰、萹蓄、地肤、菟丝子、葎草、蒲公英、蒺藜、苍茸、薄荷、益母草、车前子、野苜蓿、野葡萄、野葵花、白蒿、黄青蒿、青蒿、马莲、田菁、苘麻、莲田菁、萝摩、水葫芦、好汉拔、羊胡草、茶棵子、鸭子草、蔓草、茅草、谷草、三棱草、坤草、毛毛草、狗牙根、青便草、马绊草、阳沟瓦草、老婆脚、蒲草、田旋花、巴天酸模、碱蓬、黄蓿菜等。

（六）药用动植物

主要有：薄荷、西河柳、牵牛子、土大黄、桑树、地丁、马齿苋、地锦草、芦根、青蒿、败酱草、板蓝根、荠菜、秦皮、荷花、鬼针草、铁苋菜、夏枯草、野菊花、蒲公英、车前子、地肤子、茵陈、萹蓄、木瓜、苍耳子、地龙、全蝎、猪毛菜、大蓟、小蓟、水蛭、白茅根、泽兰、桃仁、花益母草、茺蔚子、蒲黄、槐花、山药、甘草、杜仲、枸杞子、菟丝子、鸡内金、莱菔子、栝楼、天花粉、牡蛎、桑螵蛸、椿根皮、洋金花、蜂房、大枣、蟾酥、刺猬皮、丝瓜络、夜明砂、赤小豆、冬瓜子、韭菜子、生地黄、浮萍。除上述动植物药材外，区内还有百草霜、金银花、女贞子、巴天酸模、蟋蟀、伏龙肝、蝉脱、蛇蜕、鸡冠花、葎草、小茴香、葱白、玫瑰花、石榴皮、木槿、合欢、月季花、六月雪、凌霄、无花果、蜂蜜、蜂腊、红果、蓖麻子等多种动、植物药材。

第三节　自　然　灾　害

大港区由于年内降水分配不均，常常在一年内发生春旱夏涝（或秋涝），形成水旱兼有年。

一、水灾

大港地区的水灾害主要有 3 个方面，即大雨造成沥涝和积水、上游河道洪水下泄对本地区造成危害和风暴潮。

（一）暴雨

雨情。日降水量不小于 50 毫米为暴雨。大港地区暴雨天气主要发生在夏季的 7 月、8 月，占全年暴雨日数的 85% 以上（表 1 - 3 - 1）。

表 1 - 3 - 1　　　　　　　　**1991—2009 年大港地区暴雨日统计表**

年份	雨　情
1991	7 月 28 日，降雨量 146 毫米。本次降雨造成全区受灾面积 5400 公顷。8 月 19 日，降雨量 50.1 毫米
1992	7 月 20 日，降雨量 50.6 毫米。8 月 3 日，降雨量 52.6 毫米
1993	7 月 9 日，降雨量 53.6 毫米。8 月 24 日，降雨量 60.5 毫米
1994	7 月 29 日，降雨量 59.6 毫米。8 月 6 日，降雨量 160.3 毫米。此次降水集中在城区，个别小区积水严重
1995	7 月 19 日，降雨量 60.6 毫米。8 月 5—7 日，全区普降大雨，各乡降雨量 710.0 毫米，城区降雨量 550.0 毫米，居民楼道进水
1996	7 月 16 日，降雨量 70.6 毫米。8 月 2 日，降雨量 51.9 毫米。8 月 19 日，降雨量 62.9 毫米
1997	7 月 10 日，降雨量 62.3 毫米。7 月 24 日，降雨量 81.6 毫米。8 月 23 日，降雨量 53.9 毫米
1998	7 月 29 日，降雨量 52.2 毫米。8 月 10 日，降雨量 55.9 毫米。8 月 20 日，降雨量 70.0 毫米
1999	7 月 15 日，降雨量 59.6 毫米。8 月 9 日，降雨量 50.9 毫米。8 月 26 日，降雨量 68.4 毫米
2002	8 月 3 日，古林街降雨 51.0 毫米。8 月 4 日，各乡镇平均降雨 83.0 毫米。8 月 26 日，降雨 65.0 毫米
2003	7 月 27 日，全区平均降雨量 69.3 毫米。最大降雨量在城区达到 90.0 毫米，个别小区道路积水
2004	7 月 24 日，全区平均降雨量 51.2 毫米。最大降雨量在城区达到 70.0 毫米，个别小区道路积水严重，居民楼道进水

续表

年份	雨　　情
2005	7月24日，降雨量61.2毫米。7月31日，太平镇降雨量达到123.5毫米，港西街降雨量达到79.5毫米。8月17日，中塘降雨67.0毫米，小王庄降雨127.0毫米，太平镇降雨124.0毫米，港西街降雨56.5毫米
2006	7月14日，中塘镇降雨80.0毫米，古林街降雨60.0毫米，城区降雨50.2毫米。8月1日，小王庄镇降雨58.5毫米，太平镇降雨119.9毫米，港西街降雨106.9毫米
2007	7月21日，降雨量68.0毫米。8月16日，降雨量50.8毫米。8月28日，降雨量27.3毫米
2008	7月4—5日，大港区普降大雨，平均降雨量117.3毫米。最大降雨发生在城区，降雨量148.6毫米
2009	7月23日，古林街降雨量53.7毫米。降雨量集中在城区，据气象局统计，城区降雨量50.8毫米

大港地区城市排水设施初始建设时工程标准低，经多年运行，工程老化、管道淤积等问题较突出。虽然近年来多次改造，仍远未彻底解决问题。各街镇排涝方面也存在河渠淤积不畅和排水设施不配套的问题。每遇大雨暴雨则出现不同程度的积水淹泡，对工农业生产和人民群众的生活造成损失和困难。

（二）上游洪水

地形地貌特征。大港区地势总体平缓，但西北略高，东南略低，纵坡在1/10000～1/15000之间，平均地面高程为2.0米（黄海下同），最高为3.1米，最低为1.1米。

主要河流分布。全区境内一级河道3条，即子牙新河、独流减河和马厂减河上段，总长度68.654千米。二级河道8条，即十米河、八米河、马厂减河下段、马圈引河、青静黄排水渠、兴济夹道河、北排河、沧浪渠，总长度157.87千米。这些河道全部为行洪排沥河道。

上游地区洪沥水下泄。大港区地处海河流域的最下游，承泄大清河、子牙河两大河系的洪水入海任务。海河流域上游太行山山势陡峻、海河的流程比较短促，遭遇暴雨时往往行洪不畅，很可能发生突发性灾害，这是海河流域历史上多次灾害形成的主要原因。特殊的地理位置，决定了大港区具有上防洪水、中防沥涝、下防海潮的多重任务。

1963年洪水。1963年8月上旬，海河南系各河中上游普降暴雨。暴雨中心在滏阳河上游獐么一带，8月7日雨量达2050毫米。洪水总量达301.29亿立方米，8月14日马厂减河洪水流量达 193 立方米每秒，独流减河下泄洪水流量达 1200 立方米每秒。8 月 27 日在马厂减河右堤钱圈、王房子扒堤破口分洪。9 月 2 日最大泄洪量达 3434 立方米每秒，分泄洪水总量达 59.8 亿立方米。全区 59 个村庄，除 3 个半村外，其余全部被水围困，有 24 个村水深达 1.5～2.3 米，房屋倒塌 36791 间，据当年统计，直接经济损失 2911 万元。

1996 年洪水。1996 年降雨 33 次，降雨量 266.2 毫米，排除沥水 3856 万立方米。8 月，由于河北省邯郸、邢台、石家庄、保定等海河流域中南部地区连降大暴雨和特大暴雨，据测算，此次暴雨量达 297 亿立方米，造成上游 35 座大中型水库、317 座小型水库溢洪。为缓解河北省洪水的压力，大港区加快独流减河泄洪。8 月 8 日，子牙新河北深槽南小埝，大道口、五星、远景等处漫溢决口，深槽洪水泄入行洪滩地，从翟庄子小马路开始至入海口一片汪洋。8 月 12 日，太平村镇工农大道过水，交通中断，8 月 16 日，津歧公路马棚口段路面水深达 70 厘米，交通中断。造成 2066.67 公顷农作物减产粮食 2000 万斤，折合经济损失 1600 万元（当年估算）。2333.33 公顷渔虾池被淹，经济损失 1650 万元（当年估算）。工农业总损失 3 亿元（当年估算）。此次泄洪历时 1 个多月，通过子牙新河入海水量 25 亿立方米。

二、旱灾

据历史记载的水旱资料来看，大港区由于受地形及气候条件影响，旱灾在时空分布上，据有频次多、季节性和连续性等特点。

1991 年大港区有耕地 13600 公顷，失欠墒面积 5060.67 公顷。

1992 年严重干旱，自 1991 年 10 月至 1992 年 3 月累计降雨 26 毫米，为常年的 40%。加之冬季气温偏高，致使大港区失欠墒面积达 11920 公顷，占全区耕地面积的 88%，造成夏播作物 933.33 公顷玉米基本不长，2000 公顷大豆基本绝收。

1993 年持续干旱，使大港区失欠墒面积 12133.33 公顷。

1994 年是历史上罕见的大旱之年。1—6 月滴雨未降，造成 13186.67 公顷农田失墒。

1999 年大港区 1—3 月没有降雨，4 月、5 月平均降雨量 33.3 毫米。全区 13560 公顷耕地失欠墒，农作物播种面积 11062 公顷，农作物因旱成灾面积 10386.67 公顷。

2000 年大港区 1—3 月平均降雨 6.4 毫米，4—6 月平均降雨 34.5 毫米，农作物播种面积 5500 公顷，农作物因旱受灾面积 4413.33 公顷。

2001 年大港区春季连续无降雨日 43 天。作物播种面积 14246.67 公顷，农作物因旱受灾面积 1379 公顷。

2002 年大港区年降雨量 371.9 毫米，农作物播种面积 10926.67 公顷，农作物因旱受灾面积 10246.67 公顷，成灾面积 8959.33 公顷。

1991—2009 年大港区干旱情况见表 1-3-2。

表 1-3-2 **1991—2009 年大港区干旱情况一览表**

年份	干 旱 情 况
1991	春季降雨量偏少，虽有几次降雨，但由于天气晴热，蒸发量大，旱情仍未缓解
1992	去冬今春干旱少雨，气温偏高，11920 公顷耕地失欠墒
1993	春季降雨量仅为 4.8 毫米，12133.33 公顷耕地失欠墒
1994	春季降雨量仅为 3.8 毫米。去冬今春降雨量仅为 43.9 毫米
1995	春季降雨量仅为 8.7 毫米，仍出现旱情
1996	去冬今春降雨量偏少，仍出现不同程度的旱情
1997	去冬今春降雨量偏少，今春虽有几次降雨，但由于天气晴热，旱情仍未得到缓解
1998	春秋两季降雨量仅为 43.5 毫米。旱情还是得不到明显的缓解
1999	全年降雨量 306.3 毫米。特别是 1—3 月没有降雨，4—5 月平均降雨量 33.3 毫米。10000 公顷耕地失欠墒
2000	全年降雨量 541.7 毫米。1—3 月平均降雨量 6.4 毫米。4—6 月降雨量 34.6 毫米土壤严重失墒
2001	春季连续 43 天无降雨，农田普遍干旱
2002	2002 年是特大干旱年。农作物因旱受灾面积 10246.67 公顷，成灾面积 8960 公顷
2003	连续多年干旱，全区中小型水库均未蓄上水。春季少雨，6666.67 公顷土地失欠墒
2004	春季干旱，大面积农田未能按时耕种
2005	去冬今春降雨量仅为 20.9 毫米，出现不同程度的旱情
2006	春季降雨偏少。土壤失欠墒严重
2007	去冬今春雨量偏少，农业生产出现轻度干旱
2008	春季降雨少，但到 7 月、8 月出现降雨旱情得到缓解
2009	春季降雨少，6—8 月出现降雨旱情得到缓解

三、风暴潮

风暴潮是沿海地区非常恶劣的一种自然灾害，是由天文潮汐、气压巨变和强风作用形成的高浪潮，导致海面异常的升降现象，也称之为风暴海啸。中国渤海和黄海北部是冷暖空气频繁交汇的地方，一年四季都有可能发生风暴潮。大港区地处渤海湾西岸，是风暴潮多发地区之一。主要发生在春、夏、秋三季，其中春、秋以冷空气影响为主，而夏季则主要受热带气旋北上影响而形成，也是风暴潮发生频率最高的季节。由于大港区为退海之地，堤防设施标准低，加之部分海挡土埝经常遭遇风暴潮侵袭，灾害时有发生。近几年来，随着海平面上升温室效应等环境变化，致使风暴潮频率加快，灾害加重。不仅给大港区造成了巨大的经济损失，同时也制约了经济的发展。根据统计，1991—2009 年大港区遭受风暴潮灾害 57 次。最典型的事例如下：

1992 年 9 月 1 日，渤海西北岸发生大风暴潮，17 时，特大海潮前锋到达大港区马棚口村，子牙新河海挡被冲毁，海水灌入子牙新河，交通中断、部分虾池被海水冲垮。18 时，独流减河工农兵防潮闸（闸下），最高潮位达 5.76 米（大沽东站基面），为中华人民共和国成立 40 多年发生最大的高潮位。9 月 2 日 7 时，潮位回归正常。此次风暴潮，渤海西北岸均遭潮灾，大港区沿海受灾最重。

1994 年 8 月 15 日 22 时，受台风影响，大港区沿海发生风暴潮，最高水位达 4.4 米（黄海高程），超过警戒水位。8 月 16 日 10 时 4 分，最高潮位达 4.65 米（黄海高程），子牙新河防潮小埝被冲毁 75%。8 月 27 日 21 时，潮位正常。

1997 年 8 月 20 日，50 年未遇的特大风暴潮向大港区袭来，最高潮位达到 5.46 米，潮水向子牙新河倒灌，津歧公路水深达 80 厘米，交通中断。此次风暴潮，冲毁了子牙新河海挡小埝 1500 米，土方 1.2 万立方米，冲走增殖站海挡土方 1500 立方米，冲毁砌石坡 1100 立方米，毁坏土工布 2000 平方米，冲走碎石 200 立方米，淹没马棚口一村、二村 622.33 公顷鱼虾池，毁坏闸涵 100 座，提水工具 20 件，倒塌房屋 50 间（鱼池管理房屋），大港油田油井被淹没，停产油井 713 口，影响产量 1170 吨，天然气 18 万立方米，并给唐家河防潮堤造成严重损失。潮水退后，因风暴潮造成停电，致使大港油田大批电机被毁，造成停产以及海滩头被淹等损失，经济损失达 4387.86 万元（当年估算）。

2003 年 10 月 10 日，受较强冷空气的影响，一场罕见的风暴潮和大暴雨突袭沿海地区，平均降雨量为 94.3 毫米，加之受渤海高潮位的影响，造成海水回灌，沧浪渠、北排河、青静黄排水渠等河道告急，至 10 月 12 日 10 时，潮位回归正常。

2009 年大港区风暴潮频繁，较常年偏多。全年共发生风暴潮 21 次，未发生重大灾情。其中 4 月 15 日，受恶劣天气影响，大港区沿海发生风暴潮，南港工业园区遭受严重损失，并出现人员伤亡。当天 6 时 30 分出现本年最高潮位 5.17 米（大沽高程），为本年最高潮位。

2009 年风暴潮情况如图 1-3-1 所示。

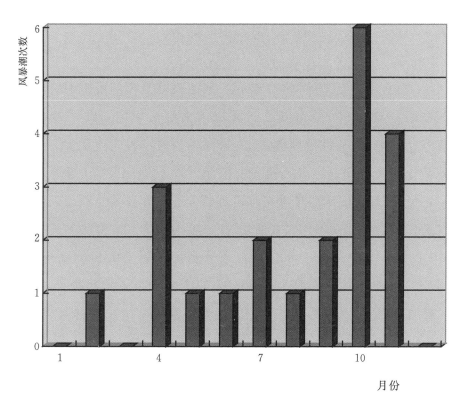

图 1-3-1　2009 年风暴潮情况示意图

第四节　河　流　水　系

大港区境内有一级、二级河道 11 条，总长度 245.66 千米，泄洪能力 10268 立方米每秒。其中一级河道 3 条，总长度 71.44 千米，泄洪能力 9200 立方米每秒；二级河道 8 条，总长度 174.22 千米，泄洪能力 1068 立方米每秒。以上河道均为行洪河道，承担着大清河、子牙河两大水系的汛期泄洪任务，当遇有超标洪水时，为确保京津地区的度汛安全，在大港区境内实施行洪、滞洪、分洪措施。辖区内有大型水库——北大港水库，小型水库——沙井水库和钱圈水库。

一、一级河道

大港区境内有 3 条一级行洪河道，即子牙新河、独流减河、马厂减河（上段）。经过多年的治理，开挖了独流减河、子牙新河等入海口，对原有河道、堤防进行了疏浚、整修、修建等水利设施，大大提高了入海泄洪的能力。

（一）子牙新河

子牙新河于 1966 年冬至 1967 年春建成。该河自献县枢纽经沧县兴济镇与南运河相交，穿过津浦铁路，向东于黄骅市阎北村桥进入大港区境内，在新老马棚口村之间入海，全长 144.89 千米。永久性占地 3872.4 公顷，当时总投资 1 亿元。子牙新河与旧子牙河共同承泄滹沱河、滏阳河之水，两河上游流域面积 46511 平方千米。

大港区境内有自黄骅市阎北村至入海口河段，全长 28.1 千米。该段河道以漫滩行洪为主。设计流量：深河槽为 300 立方米每秒，主河槽为 600 立方米每秒，滩地设计行洪流量为 6000 立方米每秒。1991 年以后，子牙新河左堤有大量的雨淋沟和小型浪窝，多集中在桩号 129＋000（河道源头为 1＋000，自上游而下，依次类推，下同）～135＋000 公里桩，需加固土方 2.24 万立方米。右堤有浪窝 120 个。在桩号 116＋000～130＋000 公里桩。此后几年陆续进行了治理。在滩地内清除违章房屋 35 间，各种阻水埝 41 条，清除土方 25.2 万立方米。

2001 年 8 月，对左堤进行复堤工程：桩号 137＋200～138＋400、139＋000～140＋000，复堤全长 2200 米，共动土方 58300 立方米，投资 122.3 万元。

2002 年，再次对子牙新河左堤进行修复，该工程位于桩号 140＋800～142＋800 段，复堤顶宽 10 米，堤顶高程 7.1 米，完成总投资 101.5 万元，总土方 59064 立方米。

2003 年，又对子牙新河右堤堤顶进行修复，总长度 2000 米，土方 2.577 万立方米。

2010 年，投资 63 万元对子牙新河左堤进行灌浆加固，全长 4790 米，孔距 2 米，成梅花形布置，钻孔深度 8 米，灌浆压力小于 0.5 兆帕，泥浆比重为 1.3～1.5 吨每立方米，土方用量 2.2 万立方米。

（二）独流减河

独流减河于 1952 年春至 1953 年汛前建成。西起静海县大清河、子牙河、南运河交汇处第六埠，经良王庄、西青区陈台子、小泊、大港区北台村平交马厂减河，进入北大港水库漫流入海。

1964 年，大港区境内石油开始钻探开发，根据大港油田建设需要，在港内修筑了一条西起沙井子、东至海大道（津歧公路）的穿港公路，截断了泄洪出路。为保证油田的防洪安全，提高泄洪标准，1968 年冬与 1969 年春，由河北省、天津市出动民工 30 万人，完成了独流减河（塘家河旧村基以北）直接入海尾闾扩建工程。

大港区境内独流减河左堤由马厂减河至工农兵防潮闸，全长 26.84 千米；大港区管理范围右堤有 3 段，分别为刘塘庄泵站至马厂减河尾闸（桩号 38＋640～43＋473）、马厂减河尾闸至姚塘子泵站闸（桩号 43＋473～45＋963）、东风大桥下 2 千米至工农兵防潮闸（桩号 66＋812～70＋050），全长 10.361 千米。设计按 20 年一遇标准，设计流量 3200 立方米每秒。左堤顶宽 10 米，顶高程 7.26～6.5 米，边坡 1∶3，右堤顶宽 8 米顶高程为 6.29～6.5 米，设计水位 4.67～2.86 米，河底高程北槽－1.289～－2.829 米，南槽－0.469～－2.829 米。

独流减河系天津市水务局大清河管理处直管河道，由大清河管理处专门修志详细记述，本志书未做全面记述。

（三）马厂减河（上段）

据《天津简史》农业篇农田水利部分和《靳官屯闸李鸿章碑文》记载，马厂减河始建于清光绪元年（1875 年）至 1881 年竣工。起自青县靳官屯，东经小站至塘沽区大沽海口，全长 90 千米。后因独流减河于万家码头附近横穿马厂减河，使马厂减河分为两段。上段定为一级河道，下段定为二级河道。上段自靳官屯九宣闸至大港赵连庄节制闸。马厂减河右堤位于小王庄镇以西富强河闸至独流减河右堤，全长 16.5 千米，设计流量赵连庄闸处为 50 立方米每秒，校核流量 100 立方米每秒，左堤顶宽 6～8 米，堤顶高程 7.33～5.72 米；右堤顶宽 6～8 米，堤顶高程 7.3～6.72 米，堤顶高程 7.2～5.6 米，堤防边坡 1∶2～1∶3。经过多年使用，堤顶高程不足，边坡冲毁严重。2000 年后，大港区水务局对右堤狼窝进行修复，加固土方 3270 立方米。同时对左右堤 16 处穿堤建筑物进行了维修。

二、二级河道

大港区境内的二级河道有 8 条，即青静黄排水渠、马圈引河、十米河、八米河、沧浪渠，兴济夹道河、北排河、马厂减河下段。

（一）青静黄排水渠

青静黄排水渠是南运河以东、子牙新河以北一条主要排沥河道。1952 年兴建独流减河和北大港水库西南围堤、南围堤，阻断了兴济减河以北、马厂减河以南的沥水出路，于 1955 年兴建青静黄排水渠，该渠起自青县李桂庄，经大港区远景二村，在老联盟村东与沧浪渠汇流入捷地减河向东入海，排水面积 948 平方千米。由于上游排水量加大，河道不通畅，又于 1957 年、1958 年、1965 年进行了清淤和扩挖。1966 年开挖子牙新河又截断了青静黄排水出路，在开挖子牙新河的同时，对青静黄排水渠尾闾进行改道开挖，工程于1967年完成。改道后在大港区老马棚口村以南入海，同时，建海口防潮闸1座。

因为上游、中游、下游排水标准不统一，排水不畅，且下游河道高水位持续时间长，两岸易涝易碱，造成沿河地区农田产量低而不稳，经水电部批准，用治理海河结余的资金536.2万元，于1971年冬至1972年春，由河北省沧州市和天津市先后动员6万多人，按上下游统一排水和5年一遇标准进行治理，治理后泄水量为184立方米每秒。

青静黄排水渠自河北省青县的李桂庄至大港区子牙新河河口以北入海，全长46.8千米。在大港境内由津盐公路经远景二村至海口全长36.4千米。

（二）马圈引河

马圈引河始建于民国9年（1920年）10月5日至民国10年（1921年）。当时又名"新马厂减河"。

中华人民共和国成立后，党和政府为了排涝蓄水，发展农业生产，先后兴建了北大港水库，独流减河等大型水利工程。在治理北大港水库工程的基础上，为引马厂减河上游洪水提前调入北大港水库，减轻独流减河下口的淤积，1969年，扩挖改造马圈引河，改建后的马圈引河西北自马厂减河（洋闸），东南至赵连庄乡（现已并入中塘镇）甜水井村，流入北大港水库，全长5.4千米，设计流量为150立方米每秒。为了控制水量，该河上下口各建闸1座。

（三）十米河

十米河位于大港区胜利街以西1.5千米处，经当时的天津市南郊区革命委员会批准，南郊区水利局组织3万民工，于1978年秋动工，30天完成，工程总投资154.5万元，其中国拨79万元，南郊区自筹75.5万元。因开挖时，河道上口设计宽度为10米，因此，被命名为十米河。

该河北起津南区西小站镇马厂减河右岸，向南经吴港子、新立村，穿越北围堤入独流减河，全长10千米，设计流量30立方米每秒，底宽15米，河底高程－1.0米，河道边坡1∶2.5，上口宽40米，马道宽3米，堤顶高程5.2米，堤顶宽10米，堤内坡1∶2，堤外坡1∶3，设计最高水位3米，最低水位1米。

十米河除主要承泄大港城区、小站、中塘镇一带的排咸治碱及排沥任务外，雨季还可以以蓄代排，向独流减河排送7500万立方米的蓄水。

（四）八米河

八米河位于大港胜利街以北约3千米，起自洪泥河，经吴港子，向东穿越十米河、津歧公路和官港湖东南侧入马厂减河，全长38.5千米。设计流量10立方米每秒，底宽6米，河底高程由洪泥河至津歧公路东4.5千米段为0米，以下均为－1米（大沽高程）；河道边坡1∶2.5，马道宽3米，马道高程3.5米，堤内外坡1∶3，堤顶宽6米，堤顶高程5.5米。因开挖时，河道上口设计宽度为8米，因此，被命名为八米河。

该河分为两期开挖，第一期于1976年开挖上段，洪泥河至吴港子段，长约10千米；第二期于1979年开挖下段，吴港子至马厂减河段，长约28.5千米。工程由天津市南郊区革命委员会批准，南郊区水利局具体组织西小站和小站两个公社1.5万民工，大约30天完成工程。工程总投资110万元，其中国家拨款75万元，南郊区自筹35万元。

八米河开挖后，基本解决了马厂减河以南，八米河以北的中塘、西小站、小站、板桥一带66.67平方千米，以及50平方千米耕地的沥水排泄问题，减少了这一地区的沥涝灾害。

（五）沧浪渠

沧浪渠于1950年由河北省水利厅批准兴建，由当时的河北省沧县、黄骅县（后改为黄骅市）组织施工。该渠由河北省沧县浪洼，经黄骅县、天津市大港区窦庄子村、老联盟村，于杨家河子汇入捷地减河，排泄捷地减河以北、兴济减河以南之沥水。1955年兴建的青静黄排水渠下游在老联盟村以东与沧浪渠汇流，经杨家河子汇入捷地减河。此后，沧浪渠下游在老联盟村以东遂改为青静黄排水渠，以上仍称沧浪渠。1960年1月，由沧县、黄骅县组织3.8万民工，对沧浪渠上段疏浚，对老联盟村以东至歧口防潮闸上段新开挖改道工程进行了全面施工，改道后沧浪渠与青静黄排水渠下游在老联盟村汇流入海。

1967年春，青静黄排水渠下游改道在子牙新河以北，老马棚口村南入海。此后，歧口防潮闸以上的原青静黄排水渠统称沧浪渠，全长70.2千米，其中大港区境内，由太平村镇翟庄子村南经沙井子老联盟村至歧口防潮闸长28.2千米。设计流量为23.3～81立方米每秒，底宽7～80米，设计水位5.68～3.176米，底高2.68～1.00米，水深3～4.176米，河坡1∶2～1∶3，纵坡1/110000～1/3600；马道滩地5米，控制面积766平方千米。

沧浪渠的开挖，虽然为沿河农业生产起到重要作用，但是，1980年以后，随着上游沧州等地区工业生产的迅速发展，污水废水排放逐年增加，河内水产资源受到严重破坏，鱼虾蟹不能繁殖，并造成大量死亡。而且，污废悬浮物多，致使河道淤积严重。1983年，大港区水利局对沧浪渠初步测量，下游20千米普遍淤积1.5～2.5米，淤积最严重的是防潮闸上游，淤积深度达4米，造成河道堵塞排水不畅，部分河底与耕地持平，冬春枯水季节水位高出地面，汛期水位超出耕地1～2米。并使地下水位升高，造成沿河两岸盐碱化程度越来越重。

1990—2009年，沧浪渠水质经环保部门测定，达到劣五类。下游河北省黄骅县渔民为保证养殖需要，自发在沧浪渠下游打坝，阻断河流，造成上游窦庄子村段水位上涨，严重影响村民安全，为此，每年都要引发纠纷。大港区水务局每年主汛期前都要和黄骅市水利局沟通，拆除拦河坝，以确保沿河地区群众度汛安全。

（六）兴济夹道河

兴济夹道河于1967年开挖并竣工，该渠西起黄骅支沟，经青县清水白村，穿津盐公路，至大港区远景二村与青静黄排水渠汇流入海，全长42.777千米，大港区段长19.78千米。设计流量9.4立方米每秒，设计水位5.48～1.83米，河底高程3.48～0.69米，河底宽1～3米，河槽边坡1：25，河底纵坡1/4000—1/13100—1/18100。

由于该渠设计标准低，排水流域面积大，故农田沥涝屡有发生。1974年，由天津市南郊区根治海河指挥部（当时，大港区地域归属天津市南郊区管理）组织民工，对该渠（今大港区境内）自津盐公路至青静黄排水渠进行扩挖，扩挖长度19.28千米，设计流量31立方米每秒，设计水位2米，河底宽6～10米，河底高程—1.5米。该渠至2009年没有变化。

（七）北排河

北排河工程于1966—1967年春与子牙新河工程同时进行开挖，由于开挖子牙新河截断了黑龙港排水河入海之路，中国水电部海河设计院在设计子牙新河的同时，规划设计了开挖北排河工程，以承泄黑龙港河水入海。

北排河起自河北省献县枢纽，穿过运河及津浦铁路后，经黄骅市齐家务村进入大港区窦庄子村，在老联盟村至马棚口村以南入海，流域面积1328平方千米。大港境内从黄骅市阎南村至大港新马棚口村28.48千米。北排河建有挡潮闸1座（按5年一遇标准设计），设计116立方米每秒，设计水位11.79～1.88米。

为扩大排水能力，1979年对黄骅市齐家务至海口挡潮闸进行扩建。由沧州、保定、廊坊3个地区28个县的民工施工。挖河弃土对子牙新河南堤进行了加固，堤顶比原设计标准增高1米，使子牙新河南北堤基本持平。同时，在北排河入海口右侧增建6孔挡潮闸1座，闸室上口宽70.4米，底宽34.4米；闸门中孔高7米，宽8米，边孔高5.5米，宽8米；钢门，中4扇，边2扇；闸底高程，中孔—3.5米，边一孔—2米，边二孔1米；实施扩建工程后，流量扩大到设计流量500立方米每秒，校核流量为900立方米每秒。

（八）马厂减河（下段）

1953年，开挖独流减河时，于万家码头附近横穿过马厂减河，把马厂减河分成两段，上段定为一级河道，下段定为二级河道。下段在大港区境内由万家码头以西，自独流减河经中塘至十米河闸，全长9.5千米，设计底宽12米，底高—1米，河底纵坡1/10000，河坡1：3，设计流量50立方米每秒，设计水位4米，校核水位6.5米，左堤高7米，右堤高6.5米，地面高程3.8～3.9米。

第五节　社　会　经　济

　　大港建区于 1979 年。至 2009 年，区域面积 1113.83 平方千米，耕地面积 1.34 万公顷。海岸线 34 千米。区辖太平、小王庄、中塘 3 个镇和港西、古林、海滨、迎宾、胜利 5 个街道，有 74 个行政村、81 个居委会。人口 51.91 万，民族 24 个。

　　区内储有丰富的石油、天然气、地热和荒地资源，盛产优质芦苇、海淡水鱼、虾、蟹，以及冬枣等。津淄公路、津歧公路穿越境内，津晋、津汕等高速毗邻而过，黄万铁路贯穿京沪和京哈两大铁路干线，连接朔黄铁路，与山西煤矿基地相连。区域经济以石油化工为主，是滨海新区石油化工基地。

一、工业经济

　　2009 年，大港区有工业企业 1382 家，其中规模以上企业 318 家，规模以下企业 1064 家；个体工业 736 家。中央驻区企业 5 家，市属驻区企业 4 家。全区实现工业总产值 806.61 亿元。其中中央企业完成工业总产值 521.55 亿元，比上年下降 22％；区属企业完成总产值 285.06 亿元，增长 28.8％；区属规模以上工业产值 245.16 亿元，增长 29.2％。优势行业、支柱产业成为带动工业经济走出低谷的主导力量。金属制品行业实现产值 69.18 亿元，增长 30.5％，拉动区属工业总产值增长 9.3％；自行车制造行业实现产值 22.13 亿元，增长 64.8％，拉动区属产值增长 6.3％；汽车配件行业实现产值 16.81 亿元，增长 12.8％；石化下游产品行业实现产值 68.11 亿元，增长 44.2％；电子电器行业实现产值 23.69 亿元，增长 3.5％。经营效益稳步好转。区属规模以上工业企业实现主营业务收入 201.8 亿元，增长 18.8％，规模以上工业产品销售率 93％；利税总额 1.04 亿元，增长 76.4％。建筑业稳步发展。全年自行完成施工产值 48.1 亿元，其中建筑工程产值 23.5 亿元、安装工程产值 24 亿元。全年竣工产值 34.7 亿元，房屋建筑施工面积 132.9 万平方米，施工项目 66 个。

二、农业经济

　　2009 年，大港区完成农业增加值 1.76 亿元，比上年增长 4.7％，农民人均纯收入 1.12 万元，增长 10.2％。农口部门完成农业固定资产投入 1.2 亿元。全区粮食播种

1.32 万公顷，总产 6.15 万吨；水产品产量 7557 吨，实现产值 9930.6 万元；肉羊饲养 5.2 万只，生猪饲养 12.7 万头，奶牛存栏 6900 头，蛋鸡存栏 28.6 万只，肉鸡出栏 216 万只；主要粮食作物农机化综合作业水平 82%，补贴机具 188 台套，发放农机补贴资金 256.81 万元。落实惠农政策资金 3087.6 万元；创建 8 个文明生态村；累计培训农村各类实用人才 1.5 万人次。开工 9 个农业建设项目，计划总投资 4.92 亿元；新建 2 个高标准畜牧小区。

三、商贸服务业

2009 年，大港区实现社会消费品零售总额 65.02 亿元，比上年增长 25.6%，增幅提高 5 个百分点。其中批发、零售业零售额 51.16 亿元，增长 25.6%；住宿和餐饮业零售额 13.4 亿元，增长 24%。消费刺激政策显现成效，消费品市场繁荣活跃，消费需求快速增长。实现批发零售业增加值 7.97 亿元，增长 23.3%，住宿餐饮业增加值 8.72 亿元，增长 23.92%。批准外商投资 8 项，利用外资 2.12 亿美元；完成外贸进出口总额 6.54 亿美元。引进内资项目 153 个，到位资金 88.81 亿元。依法没收并销毁侵权商品价值 50 万余元。

第二章

水 资 源

大港区历史上水资源充沛，曾以种植水稻为主，是驰名中外"小站稻"的主产区之一。1970 年以后，随着华北地区持续干旱，上游地区兴建多座调蓄水库，河道多处于水位下降和断流状态，基本无外来客水过境。同时，自然降雨相对集中，且季节分配不均，连年遭遇严重干旱，难以支撑工业、农业生产，只得依靠大量开采地下水和引调外地水源来支撑。1991—2009 年，大港区可用淡水资源主要有地表水、地下水、外调水和淡化海水构成。为应对水资源短缺的困难，大港区大力推进节水型社会建设，着力抓好新型节水技术的利用和推广。

第一节　水　资　源　条　件

大港区的水资源主要由地表水、地下水、外调水、淡化海水构成，以此来满足人民群众生活和工农业的用水需要。

一、水资源量

大港区境内年际间降雨量分配极不均匀，各季节降雨不均衡，雨季（6—9 月）即汛期，降雨量占全年降雨量的 82%，并集中在 7 月、8 月，多以大到暴雨形式出现，其他季节降水量非常稀少。1991—2009 年，全区年平均降雨量 492.9 毫米。最大降雨量为 914.8 毫米，出现在 1995 年；最小降雨为 83 毫米，出现在 1999 年。

因大港区境内降雨主要集中在 7 月、8 月，所以开始产生径流，其他月份无径流产生。1991—2009 年，19 年间，大港区境内平均径流量为 1.13 亿立方米，平均径流深为 100.8 毫米，自产水量 0.94 亿立方米。频率 20% 的丰水年，年径流量为 1.85 亿立方米，径流深 173.4 毫米，自产水量 1.62 亿立方米，出现在 1995 年；频率 50% 的平水年，年径流量为 1.12 亿立方米，径流深 78 毫米，自产水量 0.73 亿立方米，出现在 2005 年；频率 75% 的枯水年，年径流量为 0.62 亿立方米，径流深为 33.6 毫米，自产水量 0.31 亿立方米，出现在 1999 年。从年降雨量和年径流量可以看出，大港区境内自产水源匮乏，且分布不均匀，极不稳定。为支撑全区的工农业发展和人民群众的日常生活，一直依靠开采地下水和引调外来水源。

1991—2009 年的蒸发量平均为 1650 毫米，年蒸发量约为 1.8 亿立方米。4—5 月蒸发量最大，12 月至次年 1 月蒸发量最小。

二、地表水

（一）降雨量

大港区 1990—2010 年间 11 月至次年 3 月降雨量统计表和大港区 1991—2009 年降雨点年降雨量统计见表 2-1-3 和表 2-1-4。

表 2-1-3　　**1990—2010 年 11 月至次年 3 月降雨量统计表**　　单位：毫米

年份	11 月	12 月	次年 1 月	次年 2 月	次年 3 月
1990	9.3	2.0	0.0	0.0	19.5
1991	1.0	5.5	1.12	0.0	3.0
1992	10.3	0.2	2.1	0.4	2.4
1993	40.1	0.0	1.5	0.5	1.8
1994	13.2	7.6	0.0	1.1	7.6
1995	4.5	0.1	0.7	10.8	12.2
1996	3.1	0.0	3.2	9.0	7.8
1997	12.5	5.1	0.2	22.1	3.6
1998	3.5	1.2	2.6	1.0	0.0
1999	10.2	0.8	2.0	1.3	3.1
2000	2.5	3.1	1.2	0.0	0.0
2001	12.1	3.3	0.0	0.0	0.0
2002	0.8	1.6	3.6	4.1	10.2

续表

年份	11月	12月	次年1月	次年2月	次年3月
2003	18.8	0.4	0.0	19.5	0.0
2004	0.2	6.6	1.2	10.5	0.3
2005	0.0	2.2	1.2	7.2	0.0
2006	7.6	2.5	1.8	0.0	50.6
2007	0.0	6.5	0.0	1.5	2.4
2008	0.0	10.4	0.0	20.5	7.9
2009	0.0	0.0	0.0	0.0	1.3

表2-1-4　　　　　　　　　**1991—2009年降雨点年降雨量统计表**　　　　　　单位：毫米

降雨点 年份	区水利局	中塘镇	赵连庄乡	小王庄镇	徐庄子乡	太平镇	沙井子乡 (港西街)	上古林乡 (古林街)	区气象局	平均
1991	504.4	509.8	594.6	687.3	721.7	557.6	557.6	486.1	462.6	564.6
1992	283.0	228.9	260.2	289.0	302.5	392.6	396.2	264.4	309.1	302.9
1993	442.7	430.7	336.3	319.2	324.6	399.2	444.3	459.6	491.9	404.3
1994	465.5	602.8	672.6	621.0	607.5	527.3	529.2	503.1	501.6	559.0
1995	657.0	618.4	653.5	671.3	914.8	716.2	705.1	705.1	726.2	707.5
1996	279.6	305.6	255.1	171.1	257.7	341.5	370.5	335.4	384.1	300.1
1997	305.9	235.5	369.9	317.6	274.2	316.7	273.7	331.5	301.3	302.9
1998	547.8	622.6	494.4	367.9	529.6	562.1	477.5	600.6	610.3	534.8
1999	273.6	319.4	291.6	170.0	263.4	182.8	83.0	280.5	272.5	237.4
2000	559.8	507.1	570.8	483.5	594.6	464.2	407.9	609.0	590.0	531.9
2001	197.0	331.0	436.3	313.6	373.0	345.0	302.0	208.0	205.0	301.2

续表

降雨点 年份	区水利局	中塘镇	赵连庄乡	小王庄镇	徐庄子乡	太平镇	沙井子乡 （港西街）	上古林乡 （古林街）	区气象局	平均
2002	332.5	213.5		160.0		189.8	172.6	375.8	345.4	255.7
2003	490.5	309.3		511.8		525.5	544.3	623.5	556.6	508.8
2004	528.6	473.5		525.1		461.5	331.2	572.4	574.0	495.2
2005	396.2	344.3		416.2		550.4	368.9	457.2	459.4	427.5
2006	345.9	394.3		480.0		500.5	398.9	371.8	354.2	406.5
2007	378.9	297.5		322.9		283.1	227.1	357.5	360.1	318.2
2008	718.2	563.5		539.5		490.8	410.7	668.1	683.6	578.1
2009	530.4	514.9		380.1		455.3	415.1	505.1	521.8	474.7

注　2002年以后赵连庄乡站点、徐庄子乡站点撤销。

（二）径流量

大港区降雨集中在7月、8月，可产生径流，其他月份基本无径流形成。1991—2009年径流量统计见表2-1-5。

表2-1-5　　　　　　　　　　　　**1991—2009年径流量统计表**

年份	径流量/亿立方米	年份	径流量/亿立方米
1991	1.48	2001	0.79
1992	0.79	2002	0.67
1993	1.06	2003	1.33
1994	1.46	2004	1.30
1995	1.85	2005	1.12
1996	0.79	2006	1.07
1997	0.79	2007	0.83
1998	1.40	2008	1.51
1999	0.62	2009	1.24
2000	1.39	平均	1.13

（三）地表水存蓄量

大港区境内地表水存蓄地主要有北大港水库，钱圈水库，沙井子水库和一级、二级河道，以及 38 条干渠、100 座小型水利工程、202 个坑塘、30 个洼淀草塘，蓄水容积为 7.06 亿立方米，有效蓄水面积为 6.15 亿立方米。其中北大港水库蓄水容积 5 亿立方米，有效蓄水容积 4.36 亿立方米；钱圈水库蓄水容积 0.27 亿立方米，有效蓄水容积 0.13 亿立方米；沙井子水库蓄水容积 0.2 亿立方米，有效蓄水容积 0.12 亿立方米；一级河道蓄水容积为 1.15 亿立方米，有效蓄水容积 1.10 亿立方米；二级河道和小型水利工程蓄水容积为 0.19 亿立方米，有效蓄水容积 0.19 亿立方米；坑塘洼淀蓄水容积 0.25 亿立方米，有效蓄水容积 0.25 亿立方米。

大港区境内虽有众多蓄水设施，但由于河道多处于水位下降或断流状态，地表径流季节分配不均，在降雨相对集中的年份，还要将现有蓄水排除，以防止内涝，且水污染比较严重。因此，所蓄水源不稳定，有些基本无法利用，也无法支撑全区工农业的发展。

据统计，1991—2009 年，大港区总蓄水量 22.889 亿立方米，北大港水库蓄水 17.27 亿立方米；钱圈水库蓄水 0.499 万立方米；沙井子水库蓄水 0.476 亿立方米；河道和其他蓄水设施蓄水 4.644 亿立方米。

1991—2009 年北大港水库蓄水量、供水量统计表、1991—2009 年钱圈水库蓄水量统计和 1991—2009 年沙井子水库蓄水量统计见表 2 - 1 - 6～表 2 - 1 - 8。

表 2 - 1 - 6　　　　**1991—2009 年北大港水库蓄水量、供水量统计表**　　单位：亿立方米

年份	历年蓄水量			历年输供水量		
	自流入库	机扬入库	合计	居民生活	农业用水	合计
1991	0.3060	1.7940	2.1000	0.0750		0.0750
1992				0.2221	0.5150	0.7371
1993						
1994	0.5800	2.1700	2.7500		0.0165	0.0165
1995		0.7079	0.7079		0.2667	0.2667
1996		1.8548	1.8548	0.0974	0.5535	0.6509
1997				0.0758	0.2304	0.3062

续表

年份	历年蓄水量			历年输供水量		
	自流入库	机扬入库	合计	居民生活	农业用水	合计
1998				0.0794	0.0467	0.1261
1999				0.0555	0.0007	0.0562
2000	1.9763		1.9763	0.0400		0.0400
2001	0.5513		0.5513	1.6560		1.6560
2002	0.8782		0.8782			
2003	3.4516		3.4516	0.4576		0.4576
2004	2.3731		2.3731	2.9178	0.2004	3.1182
2005	0.3724		0.3724	1.8481		1.8481
2006						
2007						
2008						
2009	0.2585		0.2585			

表 2 - 1 - 7　　　　　　　　**1991—2009 年钱圈水库蓄水量统计表**

年　份	蓄水量/万立方米	相应水位/米
1991	400	3.70
1992	50	3.00
1993	100	3.30
1994	80	3.10

年　份	蓄水量/万立方米	相应水位/米
1995	100	3.20
1996	80	3.10
1997	80	3.10
1998	—	
1999	—	
2000	300	3.50
2001	200	3.20
2002	300	3.30
2003	400	4.17
2004	1200	5.47
2005	600	4.49
2006	100	3.20
2007	—	
2008	500	4.00
2009	500	4.00
合计	4990	57.83

表 2-1-8　　　　　**1991—2009 年沙井子水库蓄水量统计表**

年份	蓄水量/万立方米	相应水位/米
1991	1200	5.60
1992	—	

续表

年份	蓄水量/万立方米	相应水位/米
1993	—	
1994	80	3.00
1995	600	4.60
1996	1100	5.48
1997	80	3.10
1998	—	
1999	—	
2000	300	3.70
2001	—	
2002	—	
2003	400	4.37
2004	200	3.30
2005	300	3.70
2006	100	3.10
2007	—	
2008	400	4.37
2009	—	
合计	3960	

续表

三、地下水

大港区系海退形成的滨海平原，基底岩层之上分布有第三系和第四系盖层。按水文地质单元及含水岩组划分，大港区属第四系松散岩含孔隙水岩类。含水层以粉细沙为主，多呈条带状，粒度细，结构松散，坡度小，层次多，单层厚度薄，各层彼此交错，连续性差，沉积环境复杂。浅部 120 米左右为海陆交互沉积，淤泥质层很发育，但由于地形平缓，地下水力坡度很小，地下径流不畅。年可开采 1500 万立方米。由于地面沉降，已采取压采措施。

四、海水

大港区濒临渤海，有丰富的海水资源。沿海的渔民一直抽取海水用于海产品养殖。大港电厂自 1985 年就开始利用海水取代地下水，用于发电设备的冷却。1986 年 8 月实施海水淡化项目，1988 年建成天津海得润滋海水淡化公司，年产淡水 10 万立方米。2008 年，新加坡凯发集团在大港区投资建设了亚洲最大的海水淡化厂——天津大港新泉海水淡化有限公司。每年可生产淡水 3650 万立方米。

第二节　水资源开发利用

一、大港区用水构成

大港区用水由 4 个部分构成，即外调水源、调蓄雨水、开采利用地下水和淡化海水。

外调水源：1991—2009 年经市有关部门批准，外调水源主要是引调的宝坻水源地地下水和引滦入津水。

调蓄雨水：1991—2009 年，大港区平均降雨 492.9 毫米，汛期（6—9 月）占全年水量的 80%。到 2009 年年底，大港区境内可调蓄水量共计 5540 万立方米。

开采利用地下水：截至 2009 年年底，全区共有完好机井 403 眼（因驻区企业归属市水务局管理，故不含在其内），其中农用井 229 眼，生活井 107 眼，工业井 67 眼。1990—2009 年累计地下水开采量 25148.71 万立方米。

淡化海水：每年可产水 3665 万立方米，其中天津大港新泉海水淡化有限公司产水

3650 万立方米、大港电厂的天津海得润滋海水淡化公司年产水 10 万立方米。

二、水资源利用

（一）外调水源

大港区是严重资源型缺水地区，人均水资源占有量不足 240 立方米，没有稳定的地表水源，为维持境内工农业发展和人民群众的日常生活，每年都要引调大量的宝坻水源地地下水和滦河水。

1. 宝坻水源地地下水

1980 年，天津石化公司投资 1.4 亿元，兴建的引宝坻水源地地下水入港工程，共修地下管道长 108.188 千米。通过刘举人庄蓄水场将优质水源引入石化公司供水厂蓄水池。宝坻水源地地下水可允许开采量为 7 万立方米每日，年开采量 2555 万立方米，该水源主要用于石化公司生产和公司配套小区居民生活饮用。

2. 引滦水

引滦入港输水工程分为南、北两条干线，即北干线由宝坻县小宋庄泵站至东丽区无瑕街的天津市无缝钢管公司首闸；南干线由天津市无缝钢管公司首闸至大港区北围堤公路。南干线系为大港区域供水的主要管线，长度 24.2 千米，管径 800 毫米；支线为 2 条，即大港油田支线 17.5 千米，管径 600 毫米；天津联化公司（乙烯）支线 9 千米，管径 600 毫米。

1990 年 9 月，天津军粮城发电厂、铜冶炼厂、无缝钢管厂、大港石油管理局和聚乙烯厂 5 个单位集资 1.32 亿元，实施引滦入港工程，1992 年 7 月 31 日全线竣工。工程年设计供水能力为 2000 万立方米。南干线年供水能力为 1020 万立方米。其水源分配为大港油田 400 万立方米，聚乙烯厂 580 万立方米，大港区生活用水 40 万立方米。截至 2009 年用水户：大港油田水厂、大港供水厂、石化乙烯水厂、安达水厂和德维津港水业等 5 家。

大港区政府自 1992 年开始筹建水厂，到 1995 年 11 月竣工，开始向城区居民供水。1995—2009 年大港供水厂引滦供水量统计见表 2-2-9。

表 2-2-9　　　　**1995—2009 年大港供水厂引滦供水量统计表**　　　单位：立方米

年份	引水量	供水量
1995	107256	59693
1996	855836	787783
1997	1170743	1048974

年份	引水量	供水量
1998	1282585	1171473
1999	1405656	1187120
2000	1311698	1032318
2001	1530572	1361387
2002	1479388	1349506
2003	1527909	1483352
2004	1746385	1765035
2005	2032562	1863447
2006	1967846	1724664
2007	1796611	1796611
2008	2111879	2111879
2009	3492117	3499254

（二）入境客水

1991—2009 年，华北地区持续干旱，上游很少有客水下泄。针对严重的旱情，大港区水务局根据耕地基本都围绕在大港水库周边的实际，提出"一库有水保全区，两河有水南北调"的思路，抓住"96·8"大洪水的有利时机，向水库、河道、坑塘洼淀蓄水，并实施了环港水利工程，提高了大港区农田的灌排标准，在连续干旱的情况下，有效地保证了大港区农业用水。

（三）地下水开采

大港区在 1991 年以前，人民群众的日常生活和工农业生产主要依靠开采地下水。1991 年 9 月引滦入港工程竣工后，大港油田、大港聚酯等企业逐步削减地下水开采量，使大港区地下水开采量逐年下降，1995 年 11 月，大港区水厂开始向城区供水，地下水主要用于农民生活和农村工农业生产。2009 年大港区地下水开采量为 682 万立方米。

1991—2009 年大港区地下水开采量统计见表 2-2-10，1991—2009 年大港区机井数量统计见表 2-2-11。

表 2－2－10　　**1991—2009 年大港区地下水开采量统计表**　　单位：万立方米

年份	深 层 水 开 采 量				合计
	农业灌溉	工业企业	城镇生活	农村生活	
1991	216.49	20.22		768.61	1005.32
1992	205.34	36.24		520.84	762.42
1993	212.48	19.46		867.45	1099.39
1994	405.95	29.00		539.93	974.88
1995	553.51	28.80		545.71	1128.02
1996	300.81	28.81		557.11	886.73
1997	473.13	28.80		858.53	1360.46
1998	684.27	46.95		614.30	1345.52
1999	593.00	138.00		755.00	1486.00
2000	2642.30	802.54	44.24	183.92	3673.00
2001	1121.26	188.83	74.47	895.52	2280.08
2002	526.20	121.64	52.32	815.37	1515.53
2003	181.10	102.21	81.15	359.53	723.99
2004	85.13	67.97	69.45	342.71	565.26
2005	245.39	122.74	92.28	353.93	814.34
2006		91.77	102.28	466.47	660.52
2007	232.81	60.20		558.22	851.23
2008	112.10	61.67		553.73	727.50
2009	193.00	45.00		444.00	682.00
合计	8984.27	2040.85	516.19	11000.88	22542.19

表 2 - 2 - 11　　　　　　**1991—2009 年大港区机井数量统计表**

年份	机井数/眼	开采量/万吨	年份	机井数/眼	开采量/万吨	年份	机井数/眼	开采量/万吨
1991	267	1005.32	1998	332	885.54	2005	407	814.34
1992	272	762.42	1999	336	1486.00	2006	411	660.52
1993	276	1099.39	2000	339	3673.00	2007	415	851.23
1994	289	974.88	2001	342	2280.08	2008	394	727.50
1995	303	1128.02	2002	361	1515.53	2009	403	682
1996	303	886.73	2003	394	723.99			
1997	309	1360.46	2004	407	565.26			

（四）污水处理回用

大港经济开发区西区污水处理厂处理规模为 2000 立方米每日。园区内企业产生的生产废水及生活污水，经企业各自处理达到三级标准后，排入污水地下管网，流入园区污水处理厂。在对污水深度处理达到城镇污水处理一级 A 标后，排入八米河。污水也可再经净化，达到城市杂用水标准，用于绿化和循环利用，从而大大节约水资源。

（五）海水利用

1. 海水养殖

大港区濒临渤海，沿海渔民一直靠出海打渔为生。随着渤海渔业资源的日渐枯竭，一部分渔民开始海水养殖。1991 年以后，沿海滩涂区域，分布着大小养鱼池、养虾池 200 多个，截至 2009 年每年利用海水约 1000 万立方米。

2. 大港电厂海水利用

天津市大港发电厂海水淡化属于典型的水电联产工艺，是全国最大的海水淡化基地。大港发电厂海水淡化所用水取自渤海湾，取水口距电厂 8 千米，采用七台轴流泵将水泵入水渠，单台海泵的流量可达 20 立方米每小时，海水通过水渠流入电厂。

海水一部分用作冷却用水，一部分用作海水淡化制高纯水。这两个过程中均不会对海水造成任何污染，故海水可循环使用。海水作为冷却水后排水口海水温度会升高 6～7℃，通过 8 千米的排水渠就可实现自然冷却，然后回流进行循环使用，利用排水渠作为天然冷却塔，也是节约资源的重要举措。海水淡化用的水占总水量的量很少，海水淡化后的副产浓盐水可排放亦可混合到冷却水排水口。循环使用会造成海水的含盐量略有升高，加之蒸发、污染物逐渐积累等因素，水渠中的循环海水需不断地排出一部分到海中，那么就要补充新鲜海水，供水站只需定期地供水，通常是在涨潮时 3～4 台海泵同时供水。

大港发电厂采用多级闪蒸工艺进行海水淡化，产品水一部分用作饮用水，"海得润滋"牌桶装或瓶装水即是由多级闪蒸制得的。由于储存容器等可能对水质造成影响，在桶装或瓶装前所有淡水均通过 RO 反渗透膜进行过滤，保证了产品质量，产水电导率达到 0.6 微西门子每厘米时，可安全饮用。"海得润滋"也成为了天津的知名饮用水品牌。

大港电厂建成海水淡化装置后，每年循环利用海水 13.5 亿立方米，大大减少了大港区地下水的开采，改善了大港区的地下水生态条件。

3. 大港新泉海水淡化

由新加坡凯发集团投资建设大港新泉海水淡化有限公司，其淡化的海水来自大港电厂冷却发电机组所用的冷却水，通过电厂排水渠穿过津歧公路引入厂内。项目采用双膜系统作为核心技术，海水淡化系统采用国际最先进的反渗透及能源回收系统，以保证海水淡化厂更节省能源，并提高水的回收率。

2008 年一期工程投入使用后，日产水能力为 10 万立方米。其中供给乙烯炼油一体化项目 8 万立方米每日，供给天津海洋石化科技园区 2 万立方米每日。每年可节约淡水 3650 万立方米。

第三节　水　资　源　管　理

大港区水资源管理工作原由多部门负责，大港区建委下属的节水办公室负责城区的水资源管理，大港区水利局负责农村水资源的管理，由于二者不相统属，因此，在水资源管理方面比较混乱，另外，排水与供水管理也不完全属水利局管理。2001 年 3 月 10 日，随着大港区水务局挂牌，大港区水务一体化管理区得到实质性的进展，区水务局的职能逐步理顺，水资源保护和管理工作也走向规范化、正规化。

2005 年 7 月 25 日，大港区节约用水办公室从区建委整建制划归大港区水务局。12 月 18 日，正式接管大港区控沉工作，并将原来归大港区水务局地资办管理的 6 个用水单位的 11 眼机井纳入大港区节约用水办公室进行统一管理。

2006 年 3 月 10 日，根据天津市大港区机构编制委员会《关于成立天津市大港区城市节约用水事务管理中心的通知》，组建天津市大港区节约用水事务管理中心，作为水资源保护和管理的具体职能部门。

2007 年 5 月 18 日，根据天津市大港区机构编制委员会《关于大港区水务局加挂大港区供水办公室牌子的通知》，同意在大港区节约用水事务管理中心加挂大港区城市供水办公室牌子。

一、控沉管理

自 1969 年大港区发现地面沉降，至 1987 年，累计沉降量为 0.65 米。大港区节约用水事务管理中心组建后，着手对大港区范围内的 149 个控制沉点和 1 个分层标的进行维护工作。

2006 年 7 月，根据天津市控沉办的要求，结合大港区实际情况，编写了《大港区水资源转换实施方案》，并按照方案逐步开始实施水源转换工程，每年压采地下水 100 万立方米。

（一）严格控制地下水开采

对全区管辖范围内的机井、餐饮洗浴、中水洗车、游泳场馆等场所进行了拉网式普查。普查中采取了数码相机照相、GPS（全球卫星定位系统）定位、与现场管理人员座谈、人工全程记录等多种手段，取得了第一手的珍贵资料。

2006 年 3 月至 2007 年 8 月，完成 128 块计量水表的安装工作，使大港区城市范围内全部机井均安装了计量设施，并根据用水情况调查，针对不同行业，制定出用水指标，严禁超指标用水，推进累进加价制度，有效地控制了地下水资源的开采。

（二）控沉规划及调研工作

2006 年 8 月，制订《天津市大港区控沉规划》和《天津市大港区压采计划》，明确了大港区控沉工作的目标、方法和步骤。

控沉调研工作。2006 年 10 月，对大港城区范围内地下水开采量达到一定数量的企事业单位，开展了水源转换的前期调研工作。根据调研结果，制定科学、合理的水源转换实施方案，于 2007—2009 年逐步实施。

（三）控沉水准点监测

大港区节约用水事务管理中心负责全区 119 个水准点的监测工作。为保护好水准点，对水准点做出明确标示，并进行照相，将标示和照片导入计算机编入大港控沉水准点电子档案。

根据电子档案，组织人员定期对水准点进行监测，以保证监测数据的精准。

（四）地下水动态监测

2009 年内完成 4 眼国家级监测井的设备安装、调试工作、整理、上报工作，45 眼机井静水位统测工作，8 眼水质眼观测井地下水位监测数据收集井的水质取样和化验工作。

（五）废弃井回填

大港区大部分机井都是在 20 世纪 70—80 年代建成的，到 2001 年工程老化严重，许多机井报废，及时回填有利于地面沉降的缓解。为此，大港区节约用水事务管理中心于 2006 年回填 6 眼报废机井工程、2008 年回填 8 眼报废机井、2009 年年底回填 11 眼报废机井。

二、取水许可管理

1993 年 8 月 1 日，国务院颁布了《取水许可制度实施办法》，1995 年 2 月 14 日，天津市人民政府发布了《天津市实施〈取水许可制度实施办法〉细则》。1998 年 1 月 6 日天津市人民政府《关于修改天津市实施〈取水许可制度实施办法〉细则的决定》（简称细则）。取水许可制度对各级水行政主管部门有效的依法实行水资源统一管理、开发利用和保护具有重要的意义。根据本办法的要求，1995 年大港区严格推行取水许可制度。

根据细则授权本区取水许可的主要内容是地下水取水许可。2005 年前由区节约用水办公室负责，2005 年区节约用水办公室职能转移到区水务局，并成立大港区节约用水事务管理中心，承担全区取水许可制度的组织落实和监督管理。具体负责对已经发放的取水许可证的年审，对取水单位的实际用水量、取水户的节水量以及所在行业的用水水平等方面进行全面评估，并审核下一年度计划取水指标，合理压缩用水指标，以便保护地下水资源。在内部管理上，地下水资源管理办公室坚持责任分工，凡需在大港区境内取用地下水资源的个人或单位，在提出取用水申请后，地下水资源管理办公室将按照相关权限和时限进行审批。取水许可的审批工作按照"工业井原则不予审批，按照生活井、农用井填一打一"的原则进行，同时对新建、改建、扩建的项目实行水资源的论证工作。

三、地下水资源费征收

针对大港区地下水资源实行"包费制"（即每年用水户缴纳固定的费用，便可无限制使用地下水）的现状。2006 年 10 月拟定了《大港区加强地下水资源管理办法》，报请大港区政府常务会议研究通过，以天津市大港区人民政府文件《大港区加强地下水资源管理办法》印发全区，为地下水资源的管理提供了强有力的政策支持。

根据天津市物价局《关于地下水资源费征收标准的通知》，自 2006 年 1 月 1 日起，大港区地下水资源费由原先的 0.5 元每立方米，调整到 1.3 元每立方米。在区政府的支持下，2006 年 3 月至 2007 年 8 月，为全区 128 个用水户安装了计量水表，开始按表收费。自此结束了大港区延续 30 年的地形水资源费"包费制"的历史。2005—2009 年，累计征收地下水资源费 3712 万元。在经济杠杆的作用下，大港区无节制开采地下水和浪费水资源的现象得到了有效地遏制，有效地保护了大港区地下水资源。

第四节 节 约 用 水

大港区是资源型缺水地区。积极推进节水型社会、节水型区县建设始终是大港区政府的重点工作。为推进节水工作的开展，大港区健全了节水管理体制，完善了三级管理网络体系，促进了节水科技成果的推广，在国民经济迅速发展的前提下，用水量合理适度增长，实现了水资源的合理开发、优化配置、高效利用。

一、节水管理机构

1985 年，经大港区政府正式批准成立了天津市大港区城市节约用水办公室，隶属大港区建委。2005 年，节水管理职能由大港区建委划归大港区水务局，成立了大港区节约用水办公室，下设节水中心，负责大港区的计划用水和节约用水的管理及控沉工作。2007 年成立了大港区城市供水管理办公室，与节水中心合署办公，使节水、供水、控沉三项职能融为一体，促进了水资源管理工作的开展。

针对大港区以往节水工作只注重城市，农村节水管理滞后的实际，自 2005 年，经报请区政府同意，在大港区下辖的 5 各街镇建立了街镇节水办公室，办公室设在各街镇水利站，负责街镇行政区域内用水单位节水管理工作。2008 年，为进一步规范管理，将节水管理工作细化、量化，区节水办公室建立了 73 个行政村，35 个居委会节水工作联络站，各村、居委会设立节水专管人员 1 名，负责各自管理区域的日常节水管理工作，形成了区-街镇-村（居委会）节水三级管理体系，形成了"统一领导、分工负责、上下联动"的节水管理体系如图 2-4-2 所示。

大港区节约用水办公室
职责:负责大港区节水管理工作,认真执行《天津市节约用水条例》及相关法律、法规,积极为街镇及用水单位服务,实行计划用水,严格超计划累进加价收费,大力宣传节水、推行节水新技术,落实水平衡测试工作,做好节水统计等工作

机关、事业单位;驻区企业、监狱;大学、中学、小学;园林、绿化、市政
职责:负责本单位日常节水管理工作,执行区节水办公室下达的计划用水指标,确保节水器具100%,积极创建节水型单位,参加区节水办公室组织的各种学习培训班,配合区节水办公室开展节水宣传活动

5个镇、街节水办公室
职责:负责各街镇的节约用水管理工作,认真执行《天津市节约用水条例》及相关法律、法规,积极为村委会、居委会及用水单位服务,实行计划用水,严格超计划用水累进加价收费,广泛进行节水宣传、节水技术推广,落实水平衡测试工作,做好节水统计、上报等工作,按时完成区节水办公室布置的各项给水工作

大港区经济技术开发区
职责:负责本单位日常节水管理工作、执行区节水办公室下达的计划用水指标,确保节水器具100%,积极创建节水型企业,参加区节水办组织的各种学习培训班,配合区节水办开展节水宣传活动

企事业单位;中学、小学;驻区企业;宾馆、饭店等
职责:负责本单位日常节水管理工作,执行街镇节水办公室下达的计划用水指标,确保节水器具100%,积极创建节水型单位,单价区级街镇节水办公室组织的各种学习培训班,配合区级街镇节水办公室开展节水宣传活动

74个村、35个居委会
职责:负责本村、社区的节水管理工作,做好节水宣传工作,组织学习关于节水的法律、法规,大力推行节水技术,确保节水器具100%,积极创建节水型社区

大港区经济技术开发区
职责:负责本单位日常节水管理工作,执行街镇节水办公室下达的计划用水指标,确保节水器具100%,积极创建节水型企业,参加区及街镇节水办公室组织的各种学习培训班,配合区节水办公室开展节水宣传活动

图 2-4-2 节水三级管理体系图

二、节水管理工作

(一)计划用水管理

针对大港区水资源短缺状况,按照水利部提出的"从传统水利向现代水利、可持续发展水利转变,全面开展节水型社会建设解决水资源的短缺,以水资源的可持续利用支

撑经济社会的可持续发展"的治水思路，对全区非居民用水户实行以用水定额为参考的计划用水管理，通过不断提高水价和水资源费标准等手段，促进用水单位采取各种措施提高节水水平。

认真贯彻执行《天津市节约用水条例》及相关规定，全面落实计划用水管理，推行"一证、一卡、一书、一卷"的"四个一"管理体系。"一证"即用水许可证，对所有用水单位发放用水许可证，严禁无证用水，每年初审验；"一卡"即用水指标核定卡，按照市下达用水计划，各行业用水定额以及实际用水管理情况，每年年初对用水单位核定用水计划指标，并按月进行考核，对超计划用水单位严格落实累进加价收费；"一书"即与用水单位签订法人责任书，按照《天津市节约用水条例》，要求明确法人责任，强化领导和节水意识；"一卷"即对计划用水管理考核户（企事业单位）建立用水档案，系统保存。大港区节水中心对全区各用水单位进行核查，以前无证取水和取水许可已过期的用水单位，根据核查情况，及时办理重新颁证手续，为推进计划用水管理打好基础。

为认真落实好《天津市节约用水条例》和《天津市超计划用水累进加价水费征收管理规定》等相关规定，以节约水资源为目的，以经济处罚为杠杆，在计划用水管理考核中，制定出一套超计划用水累进加价收费程序，从 2007 年开始由人工计算转化为微入基础数据库，对用水单位按月进行考核，对超计划用水单位下发超计划用水累进加价收费通知书，对不缴纳单位多次催缴。

（二）节水宣传

为做好节水宣传工作，按照市节水办公室的宣传部署，大港区建立持久的宣传工作机制，形成了多元化的节水宣传体系。2005—2009 年，累计投入资金 100 万元，利用各种媒体，联合社会各界，多次组织节水宣传，发放节水材料 9 万份，营造了全民共同参与节水的良好氛围。

2006 年 3 月 22 日，组织开展了以"节水在我身边，共建美好家园""落实科学发展观，建设节水型社会"为主题的节水宣传系列活动。2006 年 7 月，在《天津日报》（今日大港）开设了节水专栏，重点宣传节水法规、节水知识、工作动态，并面向社会开展了以"节约保护水资源、促进人与自然和谐发展""节水在我身边""水是生命之源"为主题的有奖征文活动。2006 年 10 月，举行了有奖征文颁奖大会，对获得优秀征文奖的作者进行表彰。2007 年 3 月，利用"世界水日""中国水周"和"城市节水宣传周"的契机，积极组织宣传活动。参加了天津市节水中心举办的以"加强节水减排、促进科学发展""节水全民行动，共建生态家园"为主题的城市节水宣传，结合城市节水宣传周组织开展了节水宣传进企业、进学校、进社区、进农村、进服务业等系列宣传活动。2007 年 4 月，创办了天津市第一家节水宣传网站——天津大港节水信息网站，搭建起宣传水利政策、法规和节水工作的平台。网站共有 8 个主栏目，37 个子栏目，涵盖了节水、控沉各个方面的工作，每周更新 2 次，将国家和市、区的政策、法规以及节水工作的动态及时向全社会进行宣传，提高公众水法制意识和节水意识。2008 年 7 月，大港区与天津市节水办联合，在大港区世纪广场举办了"水是生命之源"大型宣传晚会。2009 年 3 月，与大港电视台联合录制系列专题片《大港电厂连续三年保持节水型企业荣誉称号》和《大港实验中学非节水型用水器具更换》专题新闻，并在大港电视台播放；2009 年 10 月，录制了大港区节水型社会建设工作纪实专题片《让生命之水长流》，在大港区电视台播放，并发放到各用水单位，引起来全社会的关注，有力地促进了群众节水意识的提高。

（三）节水示范项目

为了以科技手段挖掘节水潜力，大港区节水办公室在节水新技术推广示范方面加大投入，推动节水技术的广泛应用。2007—2009 年，共投入工程建设资金 1000 万元，实施了节水抗旱耐盐碱植被草坪种植、南大滨海学院雨水回收利用、水量遥测系统升级、机井止回阀安装、大港发电厂节水改造等节水示范工程。培育和树立一批具有先进节水水平的节水典范，以此带动全区节水水平的提高。

2007 年，实施了大港区中塘镇生活用水水源转换工程，由安达供水公司铺设 DN150PE 供水管道 3000 米，用滦河水替代了中塘镇中心生活区和大安生活小区的居民生活用水，每年可压采地下水 30 万立方米。

2008 年，实施了南开大学滨海学院雨水回收利用工程，由区政府与南大滨海学院共同投资对南大滨海学院的雨排和雨水管道进行改造，将雨水集中排入该院的南星湖，替代地下水作为景观补水，年可压采 6 万立方米。

2009 年 4 月，实施了大港电厂生活系统水源转换工程。由大港水厂铺设 DN200PE 供水管道 1600 米，解决大港电厂居民生活用水，年减少开采地下水 20 万立方米。7 月，实施了大港发电厂淡化海水水源转换工程，将海水淡化成居民可以饮用的纯净水，将企业产生的工业废水处理成再生水，用于绿化、卫生冲洗、建筑业等，每年节约淡水资源 599 多万立方米。12 月，实施国土资源管理学院水源转换工程。兴建学院的中水处理系统，替代地下水作为冲厕等用水，年可压采地下水 3 万立方米。

2010 年 3 月，对大港科迈化工实施厂内管网改造及节水器具改造，年可节水 8 万立方米（该工程在 2009 年立项，延续到 2010 年）。

（四）节水执法检查

2006 年 10 月，根据《天津市节约用水条例》，对 244 家餐饮、27 家洗浴、51 家洗车行的水源情况、节水器具、计量设施进行检查，对不符合条例规定的明令更换。

为贯彻落实市政府办公厅《关于在全市加快淘汰非节水型产品的通知》精神，2007 年 6 月，对 26 所学校、449 家餐饮店、35 家洗车点、43 家洗浴中心、5 家游泳馆、16 家宾馆进行检查，并严格按规定，督促不合格的单位更换非节水型器具。

2008 年 9—10 月间，对 2000 多家机关企事业单位、学校、宾馆、洗浴、商业门脸进行检查，发放节水提示牌 2000 个，检查用水器具 36658 套，更换 500 套，使大港区非居民节水器具普及率达到 100％。

2009 年 10 月，投入 40 万元，对建安里小区 13 栋居民楼的 2000 户居民仍在使用国家明令淘汰的水龙头和坐便器的住户进行集中改造。

（五）水平衡测试

按照《天津市水平衡测试管理办法》的规定，以提高水资源利用效率为原则，根据市政府和市节水办公室的要求，2008 年 5 月制订了《大港区 2008—2010 年水平衡测试规划》，计划用 3 年时间对全区月用水量 1000 立方米以上的 128 户用水考核单位进行水平衡测试。2009 年，大港区节约用水事务管理中心取得了天津市水务局颁发的《建设项目水资源论证乙级资质证书》，并在水利部备案，有力地促进了水平衡测试工作的开展，到 2009 年年底，水平衡测试率达到 70％以上；工业用水重复率达到 75％以上；万元地区生产值取水量为 8 立方米；管网漏失率小于 13％。

（六）节水型创建

依据市节水办公室《关于进一步规范节水型企业评选活动的通知》，开展节水型企业（单位）的评选活动。对评选出的先进企业（单位）进行表彰，利用表彰大会为各个企业（单位）搭建交流的平台，以便于他们互相交流、互相学习。同时，发挥新闻媒体和信息网站的作用，大力弘扬先进经验，带动全区节水工作的开展。到 2009 年，大港区有 13 家企业（单位）获得市政府命名的节水型企业（单位）的荣誉称号，分别是天津市耀皮玻璃有限公司、大港油田集团中成机械制造有限公司、大港油田集团新世纪机械制造有限公司、大港科迈化工、华北石油管理局第八综合服务处第五矿区管理站、大港油田集团供水公司、大港仪表有限公司，其中南开大学滨海学院、天津市大港区实验中学、大港二中、大港二幼获得节水型校园的荣誉称号，大港电厂小区、石化华益物业公司兴华小区获得节水型社区的荣誉称号。

按照天津市水务局对用水节水统计工作的安排，依据《中华人民共和国统计法》《天津市用水节水统计报表制度》，大港区节水办公室加强了对用水户统计工作的管理，建立、健全用水节水管理制度和统计台账，对每一个用水户建立用水节水档案，按市节水办公室统一编制的统计报表内容，指定专人负责，按时报送。

第五节　水　资　源　保　护

一、大港区污水处理厂

大港区污水处理厂位于大港城区南部大港石化产业园区内，于2004年1月正式投产，占地面积10万平方米，总投资1.13亿元，日处理污水3万吨，工程分为两期实施。

大港区污水处理厂一期工程项目总投资3000万元，自2007年11月30日开工建设，2008年9月竣工投产。一期建设完成后将实现污水处理能力为0.5万吨每日。

大港区污水处理厂（二期）工程位于大港污水处理厂区内东部，规划占地面积为4.4万平方米。工程最终设计处理污水能力为2万吨每日。主要采用水解酸化＋生物接触氧化＋高级催化氧化＋连续膜过滤法处理工艺处理园区工业及生活污水。出水水质可分别达到《污水综合排放标准》（GB 8978—1996）中一级标准和《城市污水再生利用工业用水（循环冷却水）水质》（GB/T 19923—2005）标准要求。

二、大港经济开发区污水处理厂

大港经济开发区污水处理厂位于大港经济开发区内，计划总投资3100万元。占地6603平方米，建筑面积2351平方米，绿化率37.36％，容积率35.62％，最终处理规模为4000吨每日，工程分两期实施。

一期工程投资1552万元，建筑面积1201平方米。建成后日处理污水能力为2000吨。2007年12月29日动工，2008年6月底竣工。主要包括调节池、组合池、保温房。对污水深度处理后，出水水质达到《城镇污水处理厂污染物排放标准》（GB 18918—2002）一级A标准，再排入八米河。污水经过高度净化，达到《城市污水再生利用城市杂用水水质》（GB/T 18920—2002）后，可用于绿化，实现水资源的循环利用。对开发区及周边地区生态环境的改善发挥重要作用。该工程由机械工业第五设计研究院设计，天津市森宇建筑技术法律咨询有限公司监理，土建工程经公开招投标，选定由中国建筑第七工程局第三建筑工程公司承建。

2009年大港区政府撤销大港管委会。因管理体制的变动二期工程未能实施。

第三章

防汛抗旱

大港区地处大清河、子牙河两大水系的末端，地势低洼、河流密布。担负着两大水系汛期泄洪的重任，当遇有超标洪水时，为保证京津地区的安全，在大港区境内实施行、滞、分洪措施。特定的地理和自然条件，决定了大港区防汛工作的重要性。同时，由于大港区地处下游，在枯水年，上游地区层层拦蓄，几无客水下泄，而本地降水多集中在7—8月，降水时空分布不均匀，致使大港区既要防洪、防涝，又要抗御旱灾的发生。

第一节　组　织　管　理

为确保防汛抗旱工作顺利开展，大港区加大防汛抗旱组织管理工作力度，构建区、街镇、村三级防汛抗旱组织机构，在区防汛抗旱防潮指挥部的统一领导下，做好防汛抗旱各项工作，为大港区经济社会可持续发展和人民群众安居乐业提供保障。

一、组织机构

依据《中华人民共和国防洪法》和《天津市防洪抗旱条例》，结合大港区的实际，组建大港区区长任指挥，驻区各大企业经理任副指挥，区政府各部门、武装部、驻区企业有关部门为成员的防汛抗旱防潮指挥部，负责全区防汛抗旱防潮工作的指导和检查，指挥部下设防汛抗旱防潮办公室，具体负责全区防汛抗旱防潮工作。办公室主任由区水务（水利）局局长兼任，其机构设在区水务（水利）局。指挥部在各街镇、驻区企业、政府有关部门设立12个分指挥部，分别负责辖区内的防汛抗旱防潮日常工作，见表3-1-12。

表3-1-12　　**1991—2009年大港区历届防汛抗旱防潮指挥部机构设置表**

年份	职务	姓名	所在单位任职	成员单位	下设组（室）
1991	指挥	文　忠	区长	政府办、财政局、公安大港分局、水利局、卫生局、板桥农场、北大港水库管理处	安全保卫组、办公室、抢险组、运输调度组、后勤保障组、安置组
	常务副指挥	陈玉贵	副区长		
	副指挥	刘捷清	水利局局长		
		张树明	大港石油局副局长		
		徐心志	石化公司副经理		
		韩忠义	武装部部长		
	办公室主任	刘捷清	水利局局长		

续表

年份	职务	姓名	所在单位任职	成员单位	下设组（室）
1992	指挥	罗保铭	代区长	政府办、中国石化集团第四建设公司（简称四公司）、大港电厂、水利局、农委、建委、石油管理局、武装部、石化公司、财政局、粮食局、卫生局、电信局、交运局、公安大港分局	防洪调度组、工程抢险组、组织动员组、通信组、财物组、后勤组、安全保卫组
	常务副指挥	陈玉贵	副区长		
	副指挥	赵英	政府办副主任		
		刘捷清	水利局局长		
		张树明	石油管理局副局长		
		陈在钫	石化公司副经理		
		徐心志	四公司副经理		
		华宝琳	大港电厂副厂长		
		周文生	农委主任		
		徐宝荣	商委主任		
		汪庭富	建委主任		
		韩忠义	武装部部长		
		潘志平	五团参谋长		
	办公室主任	刘捷清	水利局局长		
1993	指挥	罗保铭	区长	政府办、四公司、大港电厂、水利局、农委、建委、石油管理局、武装部、石化公司、财政局、粮食局、卫生局、电信局、交运局、公安大港分局	防洪调度组、工程抢险组、组织动员组、通信组、财物组、后勤组、安全保卫组
	常务副指挥	王强	副区长		
	副指挥	刘捷清	水利局局长		
		张树明	石油管理局副局长		
		陈在钫	石化公司副经理		
		徐心志	四公司副经理		
		华宝琳	大港电厂副厂长		
		周文生	农委主任		
		徐宝荣	商委主任		
		赵英	政府办副主任		
		汪庭富	建委主任		
		韩忠义	武装部部长		
		潘志平	五团参谋长		
	办公室主任	刘捷清	水利局局长		

年份	职务	姓名	所在单位任职	成员单位	下设组（室）
1994	指挥	罗保铭	区长	政府办、四公司、大港电厂、水利局、农委、建委、石油管理局、武装部、石化公司、财政局、粮食局、卫生局、电信局、交运局、公安大港分局	防汛通信宣传报道组、财物组、后勤组、安全保卫组、防洪调度组、工程抢险组、组织动员组
	常务副指挥	王　强	副区长		
	副指挥	周文生	农委主任		
		刘捷清	水利局局长		
		朱理琛	石化公司经理		
		杨栋梁	联华公司副经理		
		邓敏联	四公司副经理		
	办公室主任	刘捷清	水利局局长		
1995	指挥	杨钟景	区长	政府办、四公司、大港电厂、水利局、农委、建委、石油管理局、武装部、石化公司、财政局、粮食局、卫生局、电信局、交运局、公安大港分局	排涝组、物资组、通信组、后勤组、抢险组
	常务副指挥	王　强	副区长		
	副指挥	刘捷清	水利局局长		
		张长波	政府办副主任		
		朱敬成	油田公司副经理		
		朱理琛	石化公司经理		
		杨栋梁	联华公司副经理		
		邓敏联	四公司副经理		
		张　毅	大港电厂厂长		
	办公室主任	刘捷清	水利局局长		
1996	指挥	杨钟景	区长	政府办、水利局、农委、武装部、油田公司、联华公司发电厂、建委、公安大港分局、电信局、气象局、财政局、卫生局、交运局、农林局、计经委、广播电视局、供电局、人防办、经济技术开发区	排涝组、物资组、通信组、后勤组、抢险组
	常务副指挥	王　强	副区长		
	副指挥	刘捷清	水利局局长		
		周文生	农委主任		
		陈生代	武装部部长		
		元增民	五团参谋长		
		张长波	政府办副主任		
		朱敬成	油田公司副经理		
		朱理琛	石化公司经理		
		杨栋梁	联华公司副经理		
		邓敏联	四公司副经理		
		张　毅	大港电厂厂长		
		汪庭富	建委主任		
		朱德智	商委副主任		
	办公室主任	刘捷清	水利局局长		

续表

年份	职务	姓名	所在单位任职	成员单位	下设组（室）
1997	指挥	杨钟景	区长	政府办、农委、水利局、油田公司、大港电厂、石化公司、武装部、财政局、卫生局、建委、各乡政府、商委、公安大港分局	办公室、工程抢险组、安置组、安全保卫组、后勤组、运输调度组
	副指挥	王　强	副区长		
		邹俊喜	政府办主任		
		周文生	农委主任		
		刘捷清	水利局局长		
		朱敬成	油田公司副经理		
		张　毅	大港电厂厂长		
		练学余	石化公司副经理		
		邓敏联	四公司副经理		
	办公室主任	刘捷清	水利局局长		
1998	指挥	陈玉贵	区长	政府办、大港农委、水利局、油田公司、大港电厂、石化公司、武装部、财政局、卫生局、建委、各乡政府、商委、公安大港分局	调度组、气象组、抢险组、通信组、财务组、物资组、后勤组、保卫组、综合组
	常务副指挥	王　强	副区长		
	副指挥	练学余	石化公司副经理		
		石海追	四公司副经理		
		孙正清	水利局局长		
		王文义	大港电厂厂长		
		吴文清	联华公司副经理		
		张长波	政府办主任		
		陈生代	区武装部长		
	办公室主任	孙正清	水利局局长		
1999	指挥	陈玉贵	区长	政府办、水利局、公安大港分局、民政局、邮电局、北大港水库管理处、气象局、财政局、粮食局、卫生局、板桥农场、交警支队、交运局、农林局、计经委、广播电视局、供电局、人防办、大港开发区管委会	安全保卫组、办公室、抢险组、运输调度组、后勤保障组、安置组
	常务副指挥	王　强	副区长		
	副指挥	张幸福	油田集团副经理		
		练学余	石化公司副经理		
		石海追	四公司副经理		
		王文义	大港电厂厂长		
		吴文清	联华公司副经理		
		张长波	政府办主任		
		陈生代	区武装部长		
		祁祥才	农委主任		
		潘洪明	建委主任		
		郭德岭	商委主任		
		孙正清	水利局局长		
	办公室主任	张秀启	水务局副局长		

年份	职务	姓名	所在单位任职	成员单位	下设组（室）
2000	指挥	陈玉贵	区长	政府办、水利局、公安大港分局、民政局、农林局、卫生局、财政局、交通局、粮食局、人防办、开发区管委会、广播局、供电局、电信局、北大港水库管理处、气象局、板桥农场、交警支队	综合调度组、水情组、排涝组、抢险组、物资组
	常务副指挥	王　强	副区长		
	副指挥	姚和清	油田公司总经理		
		朱敬成	油田集团副经理		
		练学余	石化公司副经理		
		石海追	四公司副经理		
		王文义	大港电厂厂长		
		吴文清	联华公司副经理		
		张长波	政府办主任		
		陈生代	区武装部长		
		祁祥才	农委主任		
		潘洪明	建委主任		
		郭德岭	商委主任		
		孙正清	水利局局长		
	办公室主任	孙正清	水利局局长		
2001	指挥	陈玉贵	区长	水务局、政府办、经贸委、计经委、公安大港分局、民政局、农业服务中心、卫生局、财政局、交运局、粮食办公室、人防办、开发区管委会、广播局、供电局、电信局、北大港水库管理处、气象局、板桥农场、交警支队	安全保卫组、办公室、抢险组、运输调度组、后勤保障组、安置组
	常务副指挥	王　强	副区长		
	副指挥	张长波	政府办主任		
		孙正清	水务局局长		
		姚和清	油田公司总经理		
		朱敬成	油田集团副经理		
		潘洪明	建委主任		
	办公室主任	孙正清	水务局局长		

续表

年份	职务	姓名	所在单位任职	成员单位	下设组（室）
2002	总指挥	陈玉贵	区长	水务局、政府办、经贸委、计经委、公安大港分局、民政局、农业服务中心、卫生局、财政局、交运局、粮食办公室、人防办、开发区管委会、广播局、供电局、电信局、北大港水库管理处、气象局、板桥农场、交警支队	安全保卫组、办公室、抢险组、运输调度组、后勤保障组、安置组
	指挥	高振中	副区长		
	常务副指挥	王　强	副区长		
	副指挥	张长波	政府办主任		
		孙正清	水务局局长		
		姚和清	油田公司总经理		
		朱敬成	油田集团副经理		
		魏文波	石化公司副经理		
		张宝杰	四公司副经理		
		李瑞欣	大港发电厂厂长		
		刘景泉	武装部部长		
		王风双	农委主任		
		潘洪明	建委主任		
	办公室主任	元绍峰	水务局副局长（兼）		
2003	总指挥	王伟庄	区长	水务局、政府办、经贸委、计经委、公安大港分局、民政局、农业服务中心、卫生局、财政局、交运局、粮食办公室、人防办、开发区管委会、广播局、供电公司、北大港水库管理处、气象局、板桥农场、交警支队、环保局	安全保卫组、办公室、抢险组、运输调度组、后勤保障组、安置组
	指挥	陈福兴	副区长		
	常务副指挥	曹纪华	副区长		
	副指挥	孙正清	水务局局长		
		姚和清	油田公司总经理		
		朱敬成	油田集团总经理		
		张宝杰	四公司副经理		
		李瑞欣	大港发电厂厂长		
		刘景泉	武装部部长		
		潘洪明	建委主任		
	办公室主任	元绍峰	水务局副局长（兼）		

年份	职务	姓名	所在单位任职	成员单位	下设组（室）
2004	总指挥	王伟庄	区长	水务局、政府办、经贸委、计经委、公安大港分局民政局、农业服务中心、卫生局、财政局、交运局、粮食办公室、人防办、开发区管委会、广播局、供电公司、北大港水库管理处、气象局、板桥农场、交警支队、环保局	安全保卫组、办公室、抢险组、运输调度组、后勤保障组、安置组
	指挥	陈福兴	副区长		
	常务副指挥	曹纪华	副区长		
	副指挥	王风双	政府办主任		
		孙正清	水务局局长		
		姚和清	油田公司总经理		
		朱敬成	油田集团总经理		
		洪剑桥	石化公司副经理		
		张宝杰	四公司副经理		
		李瑞欣	大港发电厂厂长		
		刘景泉	武装部部长		
		张学瑞	农委主任		
		潘洪明	建委主任		
	办公室主任	元绍峰	水务局副局长（兼）		
2005	总指挥	王伟庄	区长	水务局、政府办、经贸委、计经委、粮食办公室、人防办、公安大港分局、民政局、农业服务中心、卫生局、财政局、环保局、交运局、广播局、交警支队、电信局、气象局、开发区管委会、北大港水库管理处、供电公司、板桥农场海洋科技园区管委会	安全保卫组、办公室、抢险组、运输调度组、后勤保障组、安置组
	指挥	陈福兴	常务副区长		
	常务副指挥	曹纪华	副区长		
	副指挥	朱敬成	油田集团总经理		
		姚和清	油田公司总经理		
		洪剑桥	石化公司总经理		
		张宝杰	四公司副经理		
		李瑞欣	大港发电厂厂长		
		王风双	政府办主任		
		齐蒙	武装部部长		
		孙正清	水务局局长		
		张长波	农委主任		
		潘洪明	建委主任		
	办公室主任	元绍峰	水务局副局长（兼）		

年份	职务	姓名	所在单位任职	成员单位	下设组（室）
2006	总指挥	王伟庄	区长	水务局、政府办、人防办、发展计划委、经贸委、粮食办公室、财政局、环保局、广播局、卫生局、农林畜牧局、交通运输局、气象局、公安大港分局、交警大队、经济开发区、海洋石化科技园区、北大港水库管理处、板桥农场、供电局、网通公司	安全保卫组、办公室、抢险组、运输调度组、后勤保障组、安置组
	指挥	陈福兴	常务副区长		
	常务副指挥	曹纪华	副区长		
	副指挥	秦永和	油田集团总经理		
		姚和清	油田公司总经理		
		洪剑桥	石化公司副经理		
		张宝杰	四公司副经理		
		李瑞欣	大港发电厂厂长		
		王凤双	政府办主任		
		蒋银军	武装部部长		
		张长波	农委主任		
		潘洪明	建委主任		
		孙正清	水务局局长		
	办公室主任	夏广奎	水务局副局长（兼）		
2007	总指挥	张志方	区长	水务局、政府办、经贸委 计经委、粮食办公室、人防办、公安大港分局、民政局、农业服务中心、卫生局、财政局、环保局、交运局、主播局、交警支队、电信局、北大港水库管理处、供电局、板桥农场、海洋科技园区管委会、开发区管委会	安全保卫组、办公室、抢险组、运输调度组、后勤保障组、安置组
	指挥	王　强	常务副区长		
	常务事指挥	李德林	副区长		
	副指挥	秦永和	油田集团总经理		
		何树山	油田公司总经理		
		洪剑桥	石化公司副经理		
		张宝杰	四公司副经理		
		李瑞欣	大港电厂厂长		
		张殿武	政府办主任		
		孙正清	水务局局长		
		蒋银军	武装部部长		
		张长波	农委主任		
		高英贤	建委主任		
	办公室主任	夏广奎	水务局副局长（兼）		

年份	职务	姓名	所在单位任职	成员单位	下设组（室）
2008	总指挥	张志方	区长	水务局、政府办、计经委、经贸委、人防办、粮食办公室、财政局、民政局、环保局、广电局、卫生局、气象局、交运局、农业服务中心、公安大港分局、交警支队、开发区管委会、石化产业园区管委会、北大港水库管理处、板桥农场、供电公司、网通公司	安全保卫组、办公室、抢险组、运输调度组、后勤保障组、安置组
	常务事指挥	王　强	常务副区长		
	副指挥	李德林	副区长		
		李建青	油田公司总经理		
		许红星	石化公司经理		
		张宝杰	四公司副经理		
		李瑞杰	大港发电厂厂长		
		邓庆红	武装部部长		
		张殿武	政府办主任		
		张长波	农委主任		
		高英贤	建委主任		
		左凤炜	水务局局长		
	办公室主任	夏广奎	水务局副局长（兼）		
2009	总指挥	张志方	区长	水务局、政府办、计经委、经贸委、人防办、粮食办公室、财政局、民政局、环保局、广电局、卫生局、气象局、交运局、农业服务中心、公安大港分局、交警支队、开发区管委会、石化产业园区管委会、北大港水库管理处、板桥农场、供电公司、网通公司	安全保卫组、办公室、抢险组、运输调度组、后勤保障组、安置组
	常务事指挥	王　强	常务副区长		
	副指挥	李德林	副区长		
		李建青	油田公司总经理		
		许红星	石化公司经理		
		张宝杰	四公司副经理		
		李瑞欣	大港发电厂厂长		
		邓庆红	武装部部长		
		张殿武	政府办主任		
		张长波	农委主任		
		高英贤	建委主任		
		左凤炜	水务局局长		
	办公室主任	夏广奎	水务局副局长（兼）		

二、防汛准备

落实责任。1991—2009 年，大港区防汛抗旱防潮指挥部认真贯彻落实以行政首长为核心的区、街镇、村三级防汛抗旱责任制。由区防汛抗旱防潮办公室将全区 116.4 千米一级河道堤防、362.4 千米二级河道堤防、28.77 千米海堤堤防划分为 54 个责任段，分别与 5 个街镇、7 个驻区企业及区建委签订了防汛工作责任状，街镇和驻区企业与所属村队、企业二级单位也签订了防汛工作责任状。

汛前检查动员。每年 4 月中旬开始对 3 条一级河道、8 条二级河道、17 座国有泵站、2 座小型水库等防洪排水设施进行全面检查。对区属国有泵站逐一试车；对乡管和村管泵站，与各乡镇水利站一起实地进行检查、测试并以文字形式下达检修、抢修任务及方案，明确责任人，检修试车合格后，区防办派人复查。根据检查情况和天津市防汛抗旱指挥部的要求，召开防汛抗旱防潮动员会议，分析防汛形势和突出的问题，并就消除隐患，解决问题提出整改要求，限期达到良好运行状态，以确保各泵站能及时开车。

三、抢险队伍

为应对突发性洪涝灾害，大港区组建了 5 支防汛抢险队伍，其中的 4 支防汛抢险队伍分别为：区武装部每年组建的 15000 人的民兵抢险队、1500 人的抢险突击队、区水务局河道管理所组建的 20 人防抢技术队伍、排灌站组建的 30 人机电抢险队伍。2001年 4 月正式成立由 53 人组成的天津市防汛机动抢险队二分队，其中专业技术人员占40％。市水利局投资 150 万元，购进防汛抢险机械 3 台，该机动队由水利局统一管理和掌握，主要负责防汛抢险工作；各镇街和驻区企业也相应组建了排涝抢险队伍。在此基础上，大港各级防汛部门还组建了 26 支防汛巡查队伍对排水设施进行巡视巡查，发现险情隐患按照责任分解限期完成除险加固。

四、防汛演练

为把抢险队逐步建成为一支装备优良、技术过硬、纪律严明、反应快捷、保障有力的抢险队伍。1991—2009 年，按照市防汛抗旱指挥部的安排，大港区水务局制订了《抢险队业务素质培训工作计划》和《抢险队强化训练实施措施》，相继进行了 4 次防汛抢险演练。

1991 年 7 月 15 日，大港区组织区直机关干部和天津市石化公司、中石化四公司、大港电厂的预备役人员共800余人、90多部机动车在独流减河左堤拐弯处1000米堤防进行了草袋护坡抢险的实战演练，完成土方1.3万立方米，使用草袋8.2万条。

1992年9月，区防汛抗旱指挥部组织由区政府机关干部、驻区导弹部队、民兵预备役官兵500余人，车辆30台，在子牙新河漫水路（津歧公路南侧）进行防汛抢险演练，抢险人员演练3个多小时，主要科目是灾情预警、挖土固堤，共挖土1300余立方米，修复防潮堤埝600米。

2002年7月，区防汛抗旱指挥部组织区政府有关部门干部、民兵预备役官兵、驻区企业抢险人员在独流减河左堤3号房子处进行了防汛实战演练。共出动160余人，车辆18台（包括挖掘机12台、铲车1台、运行车辆5台），编织袋1000条，抢险队员冒着高温，完成了快速集结赴险、挖土复堤、紧急医疗救护3个预定科目，在学习过程中技术人员与抢险队员一起演练，讲方法、练实招，此次演习，为抗御可能发生的大洪水积累了经验。

2004年7月15日，按照市防汛指挥部要求，大港区防办出动防汛抢险队和民兵预备役300人，机械26台，圆满完成了市防办组织的永定新河防汛抢险演习任务，得到副市长孙海麟的表扬。

五、防汛物资

大港区防汛物资储备以号料、备料相结合，始终立足于防，坚持分级储备的原则，加大物资储备力度，防汛办公室物资组人员每年做到现场察看核实、清点，保证可随时调运。对各大驻区企业要求以备料为主，并专库存放，专人管理，健全物料管理制度，没有区防指的指令防汛物料不得挪作他用。各街镇以号料为主，明确存放地点、运输车辆、联系人及联系电话。

1991—2009年大港区防汛物资储备情况见表3-1-13。

表3-1-13　　　　**1991—2009年大港区防汛物资储备情况表**

年份	防 汛 物 资 储 备
1991	麻袋2640条，草袋15.655万条，编织袋35825条，铁锹19000把，麻绳1057吨，推土机282台，水泵326台，苇箔26610片，毛石1500吨，铁丝10766公斤，抬筐6322个，扁担8484根，镐头7754把，砖薄2.05万片，钢材580吨，水泥5010吨，石子1.265万吨，砂子1.112万吨
1992	麻袋2540条，草袋15万条，编织袋15000条，木桩5000根，铁锹19000把，麻绳1000吨，推土机282台，水泵326台，苇箔26610片，毛石1500吨，铁丝10766公斤，抬筐6322个，扁担8484根，镐头7754把，砖薄2.05万片，钢材580吨，水泥5010吨，石子1.265万吨，砂子1.112万吨

续表

年份	防 汛 物 资 储 备
1993	麻袋 2500 条，草袋 1.45 万条，编织袋 16345 条，木桩 5000 根，铁锨 19000 把，麻绳 1000 吨，推土机 282 台，水泵 326 台，苇箔 2.6 万片，毛石 1500 吨，铁丝 1.1 万公斤，抬筐 5000 个，扁担 8484 根，镐头 7754 把，砖薄 2.05 万片，钢材 580 吨，水泥 5010 吨，石子 1.265 万吨，砂子 1.112 万吨
1994	编织袋 2 万条，木桩 5000 根，铁锨 1000 把，毛石 1500 吨，苇箔 2 万片，钢材 500 吨，水泥 4010 吨
1995	木桩 14790 根，草袋 1 万条，编织袋 26.106 万条，麻袋 15870 条，铁镐 2708 把，苇箔 26610 片，毛石 5000 吨，铁丝 10758 公斤，抬筐 3720 个，扁担 3821 根，潜水泵 224 台，推土机 18 台，手推车 585 辆，麻绳 5870 条
1996	木桩 14790 根，草袋 1 万条，编织袋 26.106 万条，麻袋 15870 条，铁镐 2708 把，苇箔 26610 片，毛石 5000 吨，铁丝 10758 公斤，抬筐 3720 个，扁担 3821 根，潜水泵 224 台，推土机 18 台，手推车 585 辆，麻绳 5870 条
1997	木桩 14150 根，编织袋 147050 条，草袋 14900 条，麻袋 16270 条，铁锨 15959 把，抬筐 3540 个，扁担 5951 根，麻绳 5470 公斤，铁镐 2147 把，潜水泵 159 台，苇箔 22010 片，手推车 465 辆，救生衣 668 套，胶皮管 106 条，船 106 条，铁丝 5056 公斤，苫布 15 片
1998	木桩 14790 根，编织袋 25.106 万条，麻袋 15870 条，铁锨 18114 把，苇箔 26610 片，毛石 1500 吨，铁丝 10766 公斤，抬筐 3720 个，扁担 8921 根，潜水泵 124 台，推土机 18 台，手推车 685 辆
1999	木桩 14790 根，编织袋 251050 条，草袋 10100 条，铁锨 13114 把，抬筐 3720 个
2000	木桩 14790 根，草袋 1 万条，编织袋 26.106 万条，麻袋 15870 条，铁镐 2708 把，苇箔 26610 片，毛石 5000 吨，铁丝 10758 公斤，抬筐 3720 个，扁担 3821 根，潜水泵 224 台，推土机 18 台，手推车 585 辆，麻绳 5870 条
2001	木桩 2.6 万根，编织袋 31 万条，草袋 2 万条，麻袋 12650 条，铁锨 1 万把，抬筐 4856 个，扁担 5033 根，铁镐 2952 把，潜水泵 410 台，苇箔 2 万片，救生衣 1500 套，船 83 条，砂子 6560 吨，铁丝 1 万公斤，帐篷 7 个，电铁锤 400 把，毛石 6700 吨
2002	木桩 20578 根，编织袋 23.237 万条，草袋 11020 条，麻袋 12830 条，铁锨 1.1916 万把，抬筐 3390 个，扁担 3340 根，铁镐 1737 把，苇箔 18800 片，救生衣 820 套，铁丝 15630 公斤，毛石 6000 吨，潜水泵 288 台，船 2 条
2003	桩木 6610 根，草袋 4900 条，麻袋 3740 条，编织袋 27.91 万条，苇席 21410 片，铁锨 6230 把，铁镐 1225 把，片石 6000 吨，排灌设备 256 台套，救生衣 1270 件

续表

年份	防 汛 物 资 储 备
2004	木桩 22988 根，草袋 16805 条，麻袋 13000 条，编织袋 33.272 万条，砂石料 8670 吨，铁锹 13179 把，铁镐 2762 把，排灌设备 406 套，救生衣 1608 套，苇箔 22160 片
2005	木桩 22768 根，编织袋 32.66 万条，草袋 21605 条，麻袋 12650 条，铁锹 13209 把，抬筐 4856 个，扁担 5033 根，铁镐 2952 把，潜水泵 410 台，苇箔 22610 片，救生衣 1628 套，船 83 条，砂子 6560 吨，铁丝 11587 公斤，帐篷 7 个，电线 22.8 千米，铁锤 395 把，毛石 6700 吨
2006	木桩 810 立方米，草袋 21070 条，麻袋 15420 条，编织袋 36.76 万条，砂石料 5570 吨，铁锹 13429 把，铁镐 2736 把，排灌设备 416 套，救生衣 1488 套，苇箔 21410 片
2007	木桩 24768 根，编织袋 388520 条，草袋 25031 条，麻袋 16060 条，铁锹 15059 把，毛石 7000 吨，砂子 4190 吨，苇箔 21610 片，救生衣 1494 套，手推车 489 辆，船 78 条，潜水泵 446 台
2008	木桩 1040 立方米，草袋 18610 条，麻袋 18840 条，编织袋 329350 条，砂石料 9575 吨，铁锹 14382 把，铁镐 2231 把，排灌设备 365 套，救生衣 3282 套，苇箔 22560 片
2009	木桩 1040 立方米，草袋 18610 条，麻袋 18840 条，编织袋 32.935 万条，砂石料 9575 吨，铁锹 14382 把，铁镐 2231 把，排灌设备 365 套，救生衣 3282 套，苇箔 22560 片

六、防汛防潮预案

　　大港区境内既有行洪区，又有分滞洪区，同时又是风暴潮灾害频发区。大港区水务局按照《中华人民共和国防洪法》和天津市防汛抗旱指挥部的部署，制订完善修订多项防汛防潮预案，使防汛防潮工作更具前瞻性和针对性，以保障国家和人民生命财产安全。

　　1991—2009 年防汛、防潮预案见表 3-1-14。

表 3-1-14　　　　　　　**1991—2009 年防汛、防潮预案一览表**

年份	制 定 预 案
1991	《大港区沙井子行洪道群众安全转移预案》《大港区团泊洼滞洪区群众安全转移预案》《大港区行洪河道防抢预案》《大港区防汛物资抢险调度预案》
1992	《大港区沙井子行洪道群众安全转移预案》《大港区团泊洼滞洪区群众安全转移预案》《大港区行洪河道防抢预案》《大港区防汛物资抢险调度预案》

续表

年份	制　定　预　案
1993	《大港区沙井子行洪道群众安全转移预案》《大港区团泊洼滞洪区群众安全转移预案》《大港区行洪河道防抢预案》《大港区防汛物资抢险调度预案》
1994	《大港区沙井子行洪道群众安全转移预案》《大港区团泊洼滞洪区群众安全转移预案》《大港区行洪河道防抢预案》《大港区防汛物资抢险调度预案》
1995	《大港区沙井子行洪道群众安全转移预案》《大港区团泊洼滞洪区群众安全转移预案》《大港区行洪河道防抢预案》《大港区防汛物资抢险调度预案》
1996	《大港区沙井子行洪道群众安全转移预案》《大港区团泊洼滞洪区群众安全转移预案》《大港区行洪河道防抢预案》《大港区防汛物资抢险调度预案》
1997	《大港区沙井子行洪道群众安全转移预案》《大港区团泊洼滞洪区群众安全转移预案》《大港区行洪河道防抢预案》《大港区防汛物资抢险调度预案》
1998	《大港区沙井子行洪道群众安全转移预案》《大港区团泊洼滞洪区群众安全转移预案》《大港区行洪河道防抢预案》《大港区防汛物资抢险调度预案》
1999	《大港区沙井子行洪道群众安全转移预案》《大港区团泊洼滞洪区群众安全转移预案》《大港区行洪河道防抢预案》《大港区防汛物资抢险调度预案》
2000	《大港区沙井子行洪道群众安全转移预案》《大港区团泊洼滞洪区群众安全转移预案》《大港区行洪河道防抢预案》《大港区防汛物资抢险调度预案》
2001	《大港区沙井子行洪道群众安全转移预案》《大港区团泊洼滞洪区群众安全转移预案》《大港区行洪河道防抢预案》《大港区防潮预案》《大港区滞、分洪区行洪预案》《国有泵站主汛期抢险预案》
2002	《大港区沙井子行洪道群众安全转移预案》《大港区团泊洼滞洪区群众安全转移预案》《大港区行洪河道防抢预案》《大港区防潮预案》《大港区滞、分洪区行洪预案》《国有泵站主汛期抢险预案》《大港区蓄滞洪区分洪口门扒除预案》《大港区蓄滞洪区分区隔墙扒除预案》《大港区中型水库防洪运用预案》《大港区防汛物资抢险调度预案》《引黄济津（大港段）挡水坝行洪扒除预案》

年份	制 定 预 案
2003	《大港区沙井子行洪道群众安全转移预案》《团泊洼蓄滞洪区群众安全转移预案》《大港区行洪河道防抢预案》《大港区防潮预案》《大港区滞、分洪区行洪预案》《国有泵站主汛期抢险预案》《大港区蓄滞洪区分洪口门扒除预案》《大港区蓄滞洪区分区隔埝扒除预案》《大港区中型水库防洪运用预案》《大港区防汛物资抢险调度预案》《引黄济津（大港段）挡水坝行洪扒除预案》
2004	《大港区沙井子行洪道群众安全转移预案》《大港区团泊洼滞洪区群众安全转移预案》《大港区行洪河道防抢预案》《大港区防潮抢险预案》《大港区分洪区行洪预案》《国有泵站主汛期抢险预案》《大港区蓄滞洪区分洪口门扒除预案》《大港区蓄滞洪区分区隔埝扒除预案》《大港区中型水库防洪运用预案》《大港区防汛物资抢险调度预案》《引黄济津工程（大港段）挡水坝行洪扒除预案》《大港区2004年农村防汛除涝预案》
2005	《大港区沙井子行洪道群众安全转移预案》《大港区团泊洼滞洪区群众安全转移预案》《大港区行洪河道防抢预案》《大港区防潮抢险预案》《大港区滞、分洪区行洪预案》《国有泵站主汛期抢险预案》《大港区蓄滞洪区分洪口门扒除预案》《大港区蓄滞洪区分区隔埝扒除预案》《大港区中型水库防洪运用预案》《大港区防汛物资抢险调度预案》《引黄济津工程（大港段）挡水坝行洪扒除预案》《大港区2005年度除涝预案》《大港区防汛抢险队工作预案》
2006	《大港区沙井子行洪道群众安全转移预案》《大港区团泊洼滞洪区群众安全转移预案》《大港区行洪河道防抢预案》《大港区防潮抢险预案》《大港区滞、分洪区行洪预案》《国有泵站主汛期抢险预案》《大港区蓄滞洪区分洪口门扒除预案》《大港区蓄滞洪区分区隔埝扒除预案》《大港区中型水库防洪运用预案》《大港区防汛物资抢险调度预案》《引黄济津工程（大港段）挡水坝行洪扒除预案》《大港区2006年度除涝预案》《大港区防汛抢险队工作预案》
2007	《大港区城市防洪应急预案》《大港区沙井子行洪道运用预案》《大港区团泊洼蓄滞洪区运用预案》《大港区行洪河道防抢预案》《大港区防台风暴潮应急预案》《大港区滞、分洪区行洪方案》《国有泵站主汛期抢险预案》《大港区蓄滞洪区分洪口门扒除预案》《大港区蓄滞洪区分区隔埝扒除预案》《钱圈水库防洪抢险应急预案》《沙井子水库防洪抢险应急预案》《大港区防汛物资抢险调度预案》《引黄济津（大港段）挡水坝行洪扒除预案》、《大港区2007年度除涝预案》

年份	制 定 预 案
2008	《大港区城市防洪应急预案》《大港区沙井子行洪道运用预案》《大港区团泊洼蓄滞洪区运用预案》《大港区行洪河道防抢预案》《大港区防台风暴潮应急预案》《大港区滞、分洪区行洪方案》《国有泵站主汛期抢险预案》《大港区蓄滞洪区分洪口门扒除预案》《大港区蓄滞洪区分区隔埝扒除预案》《钱圈水库防洪抢险应急预案》《沙井子水库防洪抢险应急预案》《大港区防汛物资抢险调度预案》《引黄济津（大港段）挡水坝行洪扒除预案》《大港区 2008 年度除涝预案》
2009	《大港区城市防洪应急预案》《大港区沙井子行洪道运用预案》《大港区团泊洼蓄滞洪区运用预案》《大清河系防汛抢险预案（大港段）》《大港区防台风、防风暴潮应急预案》《大港区滞、分洪区行洪方案》《国有泵站主汛期抢险预案》《大港蓄滞洪区分洪口门扒除预案》《大港防汛物资抢险调度预案》《钱圈水库防洪抢险应急预案》

第二节　防　洪　工　程

　　大港区境内有一级、二级河道 12 条，堤防长度 478.8 千米。其中一级河道 3 条，堤防长度 116.4 千米，最大泄洪能力 15000 立方米每秒（独流减河校核 6000 立方米每秒，子牙新河校核 9000 立方米每秒）；二级河道 8 条，堤防长度 362.4 千米，排沥能力 970.2 立方米每秒，加上新疏浚的板桥河，最大排沥能力可达到 9.3 立方米每秒。国有泵站 17 座，排涝能力为 80.2 立方米每秒。

　　1991—2009 年，大港区政府在争取市投资的情况下，自筹资金加强防汛除险加固工程建设，提高大港区防洪排涝标准，使大港的防洪除涝减灾综合能力不断提高，基本解除了沥涝的危害。

　　1991—2009 年大港区水务局防洪工程项目见表 3-2-15。

表 3 - 2 - 15　　1991—2009 年大港区水务局防洪工程项目表

序号	年份	项目名称	项目批复单位	所在河道	桩号及位置	项目内容	主要工程量/万立方米			投资/万元
							土方	浆砌石	混凝土	
1	1994	青静黄右堤远景二村防浪墙工程	天津市水利局	青静黄排水渠	远景二村段，起至兴济夹道尾闸，终点为远景二村南，全长 2075 米	防浪墙顶高程 6.0 米（大沽），基础宽 0.7 米，高 0.4 米，墙身宽 0.5 米，砌砖压顶宽 0.6 米，地下埋深 0.7 米，地面以上 0.3～1.2 米	0.1300	0.1535		40.000
2	1995	青静黄入海口拖淤工程	天津市水利局	青静黄排水渠	青静黄入海口	拖淤后河槽底宽度 20 米，底高程－1.5 米，拖淤深度 1.5 米	9.0000			34.500
3	1995	子牙新河左堤复堤工程	天津市水利局	子牙新河	左堤 118＋700～119＋500	复堤长 800 米，顶宽 10 米，顶高程 10.5 米（大沽）	3.0000			20.000
4	1995	防洪维护工程	天津市水利局	子牙新河	左堤 119＋860～124＋600	对该堤段进行复堤，达到原设计标准	12.6786			59.830
5	1995	独流减河左堤灌浆工程	水利部海河下游管理局	独流减河	左堤 3＋500～9＋500	灌浆加固	0.3000			3.000
6	1997	河道岁修工程	天津市水利局	独流减河	左堤 44＋000～50＋200	堤顶平整	0.6300			6.220

序号	年份	项目名称	项目批复单位	所在河道	桩号及位置	项目内容	主要工程量/万立方米			投资/万元
							土方	浆砌石	混凝土	
7	1997	应急度汛工程	天津市水利局	子牙新河	左堤 138+400～139+080	复堤 680 米，顶高程 7.216 米，顶宽 10 米，边坡 1：3	1.9800			30.400
8	1998	河道岁修工程	天津市水利局	子牙新河	右堤 117+000～119+000	浪窝、雨淋沟处理	0.3750			6.892
9	1999	子牙新河左堤复堤工程	天津市水利局	子牙新河	左堤 135+400～136+400	复堤后堤顶宽 10 米，顶高程 7.4 米	3.1670			64.100
10	1999	子牙新河右堤整治工程	天津市水利局	子牙新河	右堤 119+000～120+225	施工长度 1225 米，处理浪窝 72 处	1.2300			29.400
11	1999	青静黄入海口拖淤工程	天津市水利局	青静黄排水渠	青静黄入海海口	拖淤后河槽底宽度 20 米，底高程−1.5 米，拖淤深度 1.5 米	9.0000			34.500
12	1999	独流减河左堤灌浆工程	天津市水利局	独流减河	左堤 44+400～57+050	钻孔间距 2 米，堤顶布置 4 排，呈梅花分布，钻孔深 7～8 米	5.0600			153.300

续表

序号	年份	项目名称	项目批复单位	所在河道	桩号及位置	项目内容	主要工程量/万立方米			投资/万元
							土方	浆砌石	混凝土	
13	2000	子牙新河左堤复堤工程	天津市水利局	子牙新河	左堤 136+400~137+200	对该堤段进行复堤，达到原设计标准	2.6100			55.500
14	2000	独流减河左堤加固工程	天津市水利局	独流减河	左堤 48+333~49+403	护砌加固	0.1900	0.1600		200.000
15	2001	子牙新河左堤复堤工程	天津市水利局	子牙新河	左堤 137+200~138+400 139+000~140+000	对该堤段进行复堤，达到原设计标准	5.8200			122.600
16	2001	子牙新河右堤整治工程	天津市水利局	子牙新河	右堤 120+225~122+000	1. 浪窝处理 2. U形槽清表后填土	2.5700			52.400
17	2001	子牙新河左堤整治工程	天津市水利局	子牙新河	左堤 116+600~119+100	漏斗、浪窝处理	10.8000			
18	2002	子牙新河左堤复堤工程	天津市水利局	子牙新河	左堤 140+800~142+800	对该堤段进行复堤，达到原设计标准	5.9000			101.500
19	2002	马厂减河右堤碎石路面	天津市水利局	马厂减河	右堤 29+200~30+700	堤顶硬化	0.1000			41.900

续表

序号	年份	项目名称	项目批复单位	所在河道	桩号及位置	项目内容	主要工程量/万立方米			投资/万元
							土方	浆砌石	混凝土	
20	2002	子牙新河右堤堤顶整治	天津市水利局	子牙新河	右堤 122＋000～124＋000	浪窝处理	2.1200			38.400
21	2002	子牙新河右堤岁修工程	天津市水利局	子牙新河	右堤 122＋000～136＋000	天漏、浪窝处理 64 处	0.3600			3.600
22	2002	子牙新河左堤半截桥汛房维修工程	天津市水利局	子牙新河	左堤	汛房维修 3 间、门窗更换、屋顶地面维修、室内装修				1.300
23	2002	独流减河左堤大港段应急度汛护砌工程	天津市水利局	独流减河	左堤 59＋574～60＋087	护砌加固	0.8015	0.4332		150.000
24	2003	子牙新河左堤复堤工程	天津市水利局	子牙新河	左堤 142＋800～143＋300	按设计标准复堤	2.4870			47.270
25	2003	子牙新河右堤整治工程	天津市水利局	子牙新河	右堤 124＋000～126＋000	浪窝处理	2.5770			45.740
26	2003	独流减河左堤大港段应急度汛护砌工程	天津市水利局	独流减河	左堤 60＋087～60＋727	顶部高程为设计水位以上0.5 米，坡比 1：4，浆砌石厚度 0.4 米，护砌总长度 700 米	1.2101	0.5305		191.000

续表

序号	年份	项目名称	项目批复单位	所在河道	桩号及位置	项目内容	主要工程量/万立方米			投资/万元
							土方	浆砌石	混凝土	
27	2004	子牙新河右堤灌洞处理维修	天津市水利局	子牙新河	右堤 135+000～137+000	堤防维修与灌洞处理	0.2120			2.970
28	2004	独流减河左堤大港段应急度汛护砌工程	天津市水利局	独流减河	左堤 46+100～46+908	迎水侧护砌加固,浆砌石厚度 0.4 米	0.8643	0.5478		186.2500
29	2005	子牙新河左堤浪窝处理维修	天津市水利局	子牙新河	左堤 126+000～135+000	浪窝处理 139 处	0.3475			5.2000
30	2005	海挡维修工程	天津市水利局	大港电厂吹灰池段	1+450～1+520 1+580～1+760 2+570～2+730	堤顶、堤肩进行灌砌毛石加固,护坡采用 C20 混凝土连锁板	0.4142			29.280
31	2005	海挡维修工程	天津市水利局	渤海水产资源增殖段	0+000～0+400	堤顶、堤肩进行灌砌毛石加固,护坡采用 C20 混凝土连锁板	0.1728			20.600
32	2005	青静黄河口拖淤	天津市水利局	青静黄排水渠	青静黄入海口	拖淤长度 2 千米,每个断面宽 30 米,挖深 1 米,坡比1:2	6.0000			22.800

续表

序号	年份	项目名称	项目批复单位	所在河道	桩号及位置	项目内容	主要工程量/万立方米			投资/万元
							土方	浆砌石	混凝土	
33	2006	海挡应急加固工程	天津市水利局	海挡	大港区塘大交界至独流减河左堤段	166米灌砌混凝土结合防浪墙及建筑物1座	0.8900	0.1000	0.0800	474.740
34	2006	子牙新河左堤浪窝处理	天津市水利局	子牙新河	左堤120+000~126+000	浪窝处理	0.4200			8.400
35	2006	独流减河左堤大港段应急度汛护砌工程	天津市水利局	独流减河	左堤45+850~46+100	迎水侧护砌加固，护砌高程7.68米，坡比1:3，护坡厚度0.4米	0.3122	0.1800		50.000
36	2006	大港电厂吹灰池段海挡维修工程	天津市水利局	海挡	0+000~1+450	拆除原预制混凝土板护坡，重新铺设混凝土连锁板	0.5379		0.0536	98.150
37	2007	海挡维修工程（大港区段）	天津市水利局	海挡	增殖站段0+400~1+170，大港电厂吹灰1+520~1+580，1+760~2+570，2+730~2+980	拆除原预制混凝土板护坡，重新铺设混凝土连锁板	0.4238	0.0349		92.520
38	2007	子牙新河右堤维修加固	天津市水利局	子牙新河	141+100~141+500，139+800~141+100，130+000~139+800	141+100~141+500段堤顶U形槽维修整平，130+000~141+100段浪窝回填加固	5.7574			85.810

续表

序号	年份	项目名称	项目批复单位	所在河道	桩号及位置	项目内容	主要工程量/万立方米			投资/万元
							土方	浆砌石	混凝土	
39	2007	子牙新河左堤灌浆加固	天津市水利局	子牙新河	左堤123+600~130+305	灌浆堤顶宽度10米、孔距2米、成梅花形布置、钻孔深度7~8米	2.6820			80.460
40	2008	子牙新河用支六站涵闸应急度汛工程	天津市水利局	子牙新河	右堤	对用支六站涵闸进行应急维修	0.6697（清淤）	0.0553		110.000
41	2008	子牙新河左堤灌浆加固工程	天津市水利局	子牙新河	左堤139+100~143+100	孔距2米、成梅花形布置、钻孔深度7~8米、灌浆压力小于0.5兆帕、泥浆比重为1.3~1.5吨每立方米	1.6550			53.800
42	2008	子牙新河左堤维修工程	天津市水利局	子牙新河	左堤115+000~123+000	堤顶宽10米、高4米、边坡1:3、堤顶中心鼓起20厘米、分层填土、铺土厚度不超过30厘米	1.3480			29.900（其中水利基金15、区县自筹14.9）
43	2008	青静黄险工段处理工程	天津市水利局	青静黄排水渠	左堤大港区大苏庄桥东约2千米处	堤顶宽10米、高4米、边坡1:3、堤顶中心鼓起20厘米、分层填土、铺土厚度不超过30厘米	1.9000			

续表

序号	年份	项目名称	项目批复单位	所在河道	桩号及位置	项目内容	主要工程量/万立方米			投资/万元
							土方	浆砌石	混凝土	
44	2008	海堤维修维护专项工程	天津市水利局	海挡	大港区马棚口一村段	新建 M15 浆砌石护坡、原防浪墙贴面、加高、压顶处理	0.1824	0.0581	0.0123	
45	2009	子牙新河左堤灌浆加固工程	天津市水利局	子牙新河	左堤 135+100～ -139+100	孔距 2 米，成梅花形布置，钻孔深度 7～8 米，灌浆压力小于 0.5 兆帕，泥浆比重为 1.3～1.5 吨每立方米	1.6950			54.000
46	2009	子牙新河右堤浪窝处理工程	天津市水利局	子牙新河	右堤 116+000～ 130+000	对浪窝分层开蹬清理、回填、夯实、恢复堤防原貌	1.0950			35.000
47	2009	子牙新河左堤雨淋沟处理工程	天津市水利局	子牙新河	左堤 129+100～ -135+100	对雨淋沟和浪窝进行填土碾压	2.2500			73.000
48	2009	青静黄入海口拖淤工程	天津市水利局	青静黄排水渠	防潮闸下 2 千米河口	拖淤	3.7700			15.000
49	2009	青静黄应急拖淤工程	天津市水务局	青静黄排水渠	防潮闸上 5 千米（西三排涝站 31+400～ 36+400）	拖淤	26.4143			199.700

第三节　防汛防潮抢险

大港区地处大清河、子牙河两大水系的入海口，境内河道纵横，且降雨比较集中，特殊的地理位置和气候条件决定了大港区洪涝灾害的多发性和不确定性。在洪涝灾害面前，大港区防汛抗旱指挥部科学调度、沉着应对，调动一切力量防汛抢险，将洪涝灾害造成的损失降到最低程度。

一、1991年防汛抢险

1991年7月28日5时，大港区普降20年一遇的暴雨，平均雨量146毫米，最大降雨230毫米。小王庄镇批发部及大港区部分乡镇企业厂房仓库进水；12133.33公顷农田严重积水，占地面积90％；80％以上的砖厂遭到严重损失。

15时，静海、青县、沧州等地沥水下泄，大港区青静黄排水渠水位超设计水位0.5米多，沧浪渠由于海口淤积加之海口拦河打坝，使河内水面超警戒水位，兴济夹道河水倒灌，河堤出现漫溢、滑坡现象。面对严重汛情，区防汛指挥部立即组织力量积极投入抢险，调动大港油田、太平村镇、沙井子乡、徐庄子乡10000多名抢险人员，上堤抢险，使青静黄刘岗庄段、沙井子段、太平村镇段塌方得到了控制。

21时，由于兴济夹道青静黄闸年久失修，青静黄排水渠水倒灌，使兴济夹道河漫溢，大港油田64口油井、72变电站一座、32口注水井及大苏庄农场庄稼全部被淹。

7月29日，青静黄排水渠水位达到2.5米（大沽高程），刚刚封堵的河堤再次发生渗水、滑坡现象。大港区防汛指挥部下达命令砍断拦河渔网，清走渔船，调2条挖泥机船清淤，奋战6个昼夜，清除淤泥7.8万立方米，使河道泄量由66立方米每秒提高到178立方米每秒。8月3日，青静黄排水渠水位降至1.6米（大沽高程），沿岸人民群众生命财产安全得到保障。

此次防汛抢险，全区累计加固堤防总长1.937万米，动土方6.59万立方米，出动车辆793台次，出动推土机29台班，人工3244人次，使用草袋16.16万条，木桩532根，累计投入防汛抢险资金51.685万元。

据灾后统计，大港区受灾面积5400公顷，占积水面积的44.5％，其中严重减产1333.33公顷，绝收2133.33公顷，粮食减产750万千克，油料75万千克；受损民房168间，其中40间部分倒塌，直接经济损失折合人民币691万元。

二、1992 年防潮抢险

1992 年 9 月 1 日 8 时，国家海洋预报台发布的风暴潮警报：受北方冷空气和登陆减弱的第 16 号热带风暴的共同影响，预计当天下午到次日上午，天津塘沽港至江苏连云港一带沿海的潮位将比正常潮位偏高 50～150 厘米，影响严重段在渤海、莱州湾。当天傍晚前后，天津塘沽港、山东羊角沟、江苏连云港的最高潮位将出现超过当地警戒水位的高潮位，要求有关部门切实加强防潮。

9 月 1 日 10 时 30 分，一场特大海潮袭击渤海沿岸地区。14 时，市防汛指挥部领导和区委书记胡文良、代区长罗保铭、副区长陈玉贵亲临现场，大港区防汛指挥部、武装部、上古林乡组织 500 多人的抢险队伍到达现场参加抗潮救灾。17 时，特大海潮前峰达到马棚口村，子牙新河海挡坝埝多处冲毁，海水灌入子牙新河，交通中断，部分虾池被潮水冲垮，大港石油管理局滩海工程公司正在修建的人工岛，其钢板外壳被风暴潮和大风大浪撕开 60 多米长的口子。18 时，独流减河工农兵防潮闸（闸下），最高潮位 5.76 米（大沽东站基面）。9 月 2 日 7 时，潮位回归正常，本次抗潮在广大军民的共同努力下，灾害损失降到最低。

三、1994 年防汛抢险

1994 年大港区降雨 32 次，年平均降雨量 524.4 毫米。8 月 6 日 8 时，大港区降大暴雨，最大降雨量达 160.3 毫米，平均降雨 128.9 毫米，城区全部积水，港新村、胜利村大部分平房被淹。区防汛指挥部副总指挥陈玉贵冒雨深入到户察看灾情，部署紧急救灾排涝任务，区防汛办与板桥农场和津南区水利局协调启动城区东西 2 处农用大泵站排水，并及时和青静黄闸所联系，请求提闸泄水，以确保沿河乡镇安全。各防汛分指挥部统一调度，及时开动 36 处城区泵站，56 处农田排水泵站强排积水，开车 7980 台时，排除沥水 2330 万立方米。于 8 月 7 日 1 时，城区积水全部排除。8 月 8 日 9 时，农田积水全部排除。

8 月 15 日 22 时，受台风影响，大港区沿海发生风暴潮，最高潮位达 4.4 米（黄海高程），已超过警戒水位。8 月 16 日 10 时，最高潮位达 4.65 米（黄海高程），子牙新河防潮小埝已被冲刷 3/4。市水利局副局长单学仪、大港区副区长陈玉贵到现场指挥促防潮工作，区水利局和上古林乡防汛抢险人员 200 余人参加抢险，8 月 16 日 0 时潮位回归正常。

四、1995 年防汛抢险

1995 年 8 月 5—7 日，大港区发生了连续性降大暴雨，最大降雨达 710 毫米，城区降雨量达 550 毫米，致使城区部分地区出现严重积水，大部分居民小区的一楼进水。区防汛指挥部立即启动防汛预案，开启泵站排除积水，组织人员转移受灾群众，把灾害损失降至最低，确保人民群众生命财产安全。

五、1996 年防汛抢险

1996 年 8 月 4 日，受 8 号台风外围云团影响，8 月 4—5 日，河北省邯郸、邢台、石家庄、保定等中南部地区连降大暴雨和特大暴雨。在 30 小时内，雨量超过 100 毫米的有 5 个县市，其中超过 720 毫米的有 20 个县市，超过 300 毫米的有 6 个县，超过 400 毫米的有 4 个县，其中处于暴雨中心位置的邢台野沟门水库降雨 616 毫米，井陉县微水站降雨 610 毫米。由于暴雨时间短、强度大、径流急，造成许多地方山洪暴发，河水猛涨，太行山 11 座大型水库 10 座溢洪，24 座中型水库 21 座溢洪，428 座小型水库 317 座溢洪。其中岳城水库 8 月 4 日 18 时入库洪峰流量 7240 立方米每秒，比 1963 年最大洪峰流量多 32％，相当于 20 年一遇；岗南水库 8 月 4 日 21 时入库洪峰流量 7010 立方米每秒，比 1963 年最大洪峰多 42％，相当于 50 年一遇；黄壁庄水库 8 月 4 日 23 时入库洪峰流量 12600 立方米每秒，比 1963 年最大洪峰流量多 32％，相当于 100 年一遇；朱庄水库 8 月 4 日 21 时入库洪峰流量 8600 立方米每秒，大于 1963 年最大洪峰，相当于 200 年一遇。据测算，此次暴雨，降水量达 297 亿立方米。

8 月 5 日 14 时，天津市水利局副局长陆铁宝赴大港区通报汛情，预测汛情快速程度要超过 1963 年，要求大港区做好抗大洪的准备工作。区防汛指挥部召开紧急会议，通报上游水情，部署防洪任务。并下达《天津市大港区防汛指挥部第一号令》，要求全区各单位各部门做好充分准备，迎接大洪水的侵袭。

按照区防汛指挥部的指令，区防办提请河北省水利厅开启子牙新河北大港泄洪闸，迎接洪水下泄，做好群众安全转移的安排，并组建巡查队伍，对子牙河两岸堤防进行巡查。太平村镇、沙井子乡、上古林乡组织防汛抢险队伍，对子牙新河南北堤穿堤筑物进行封堵加固，对险工险段进行防范加固，拆卸行洪滩地内排灌站机电设备。

区委、区政府领导也分头带队到子牙新河各乡镇责任段和子牙新河入海口检查各项防汛措施落实情况。并派出人员到上游地区观测，以及时了解汛情。

8 月 9 日 23 时，子牙新河行洪滩地北深槽南小垵，大道口、五星、远景等处漫溢决口，深槽洪水泄入行洪滩地。从翟庄子小马路开始至海大道河滩一片汪洋。8 月 10 日 8 时 30 分，区防汛指挥部总指挥、区长杨钟景签发区防办《关于拆除子牙新河入海口阻水物的紧急请示》，区防办组织防汛抢险突进队派出 50 余人、出动 9 台机械前往海口清障。8 月 11 日 10 时，大港油田责任有限公司出动 30 余人、出动 3 台大型机械将位于青静黄左堤的自力扬水站出水口封堵，以防止河水倒灌。8 月 12 日，区防办下发《关于加强巡查，监测水情，发现问题及时组织力量抢堵的通知》，对防汛抢险工作再次进行布置。按区防办的部署，太平村镇、沙井子乡组织 600 多人的抗洪抢险队伍，昼夜驻防在第一线。大港油田责任有限公司出动 5 部机械、派出 30 余人将子牙新河行洪滩地防潮埝破开 20 处，长度 500 米，加快洪水下泄。

8 月 18 日，上游青县穿运枢纽水位开始回落，流量开始下降。至 24 日，通过子牙新河和独流减河入海的洪水达 13 亿立方米。当天，副市长朱连康到大港区亲临现场视察抗洪抢险工作。就大港区对防汛工作高度重视、长期投入、标本兼治、关键时受益，使洪水顺利通过子牙新河入海给予高度评价。并勉励大港区的干部群众，继续保持良好的精神状态，再接再厉搞好生产自救。

在这次自 1963 年以来最大的洪水面前，大港区人民经受了考验，在抗洪抢险斗争中，涌现了大量的好人好事和先进事迹，为保卫京津地区防汛安全做出了贡献。经区委、区政府批准，群众讨论推荐，大港区共有 6 个先进集体和 11 名先进个人被市政府表彰，区水务局孙正清、张秀启、刘振福被表彰。

区委、区政府召开抗洪抢险表彰大会，对在这次抗洪抢险中做出突出贡献的 103 名先进个人、33 个先进集体予以表彰。

此次抗洪抢险共历时 31 天，造成水利工程损失 3112 万元，工业、农业损失 3 亿元。"96·8"大港区洪水水毁工程统计见表 3-3-16。

表 3-3-16　　　　　　**"96·8"大港区洪水水毁工程统计表**

项目	子牙新河	独流减河	青静黄排水渠	合计
混凝土/立方米		5550.0		5550.00
投资/万元		203.4		203.40
加固堤防长度/千米	55.2		21.80	77.00
土方/万立方米	77.3		29.39	106.69
投资/万元	948.0		383.85	1331.85
加固泵站/座	10.0		1.00	11.00
土方/万立方米	6.8			6.80

建称	子牙新河	独流减河	青静黄排水渠	合计
混凝土/立方米	2054.0			2054.00
投资/万元	299.0		100.00	399.00
加固穿堤建筑物/座	15.0		4.00	19.00
投资/万元	160.0		36.00	196.00
加固闸涵/座	213.0		6.00	219.00
投资/万元	548.0		29.00	577.00
加固农用桥/座	5.0		1.00	6.00
投资/万元	300.0		80.00	380.00
排水费/万元	25.0			25.00
投资合计	2280.0	203.4	628.85	3112.25

六、1997 年防潮抢险

受第 11 号热带风暴和北方冷空气的共同影响，同时与天文大潮相遇，渤海海面发生了仅次于 1992 年以来的第二次强风暴潮。8 月 19 日 16 时天津沿海潮位达到 4.72 米，20 日 16 时 10 分潮位达到 5.46 米，潮水向子牙新河倒灌，子牙新河摊地平交津歧公路段水深达 80 厘米，交通中断。

接到 8 月 19 日、20 日、21 日天津沿海将出现超过警戒水位的风暴潮预报后，大港区和各有关部门和单位按照市领导精神做好防潮准备，大港油田集团公司的领导，深入现场部署抢险，及时撤出了海上作业及沿海施工人员，保护了船只、贵重仪器设备，并指挥干部职工对进港靠泊的船只进行加固保护，避免了人员伤亡，减少了经济损失。大港区沿海有关单位干部群众及部队官兵进行防潮抢险，投入编织袋、麻袋、草袋、运输车、挖掘机等，有效地发挥了抗潮减灾作用，在整个风暴潮侵袭过程中，没有出现一例人员伤亡。此次风暴潮，冲毁了子牙新河海挡小埝 1500 米，土方 12000 立方米，冲走增殖站海挡土方 1500 立方米，冲毁砌石坡 1100 立方米，毁坏土工布 2000 平方米，冲走碎石 200 立方米，淹没马棚口一村、二村 622.33 公顷鱼虾池，毁坏闸涵 100 座，提水工具 20 件，倒塌房屋 50 间（鱼池管理房屋），大港油田油井被淹没，停产油井 713 口，影响产量 1170 吨，天然气 18 万立方米，并给唐家河防潮堤造成严重损失。潮水退后，因风暴潮造成停电，致使大港油田大批电机被毁，造成停产以及海滩头被淹等损失，经济损失达到 4387.86 万元（当年估算）。

七、2008 年防汛抢险

2008 年 7 月 4—5 日，普降大雨全区平均降雨 117.3 毫米。最大降雨量发生在城区，降雨量为 148.6 毫米部分。城区大面积积水，部分居民小区的一楼进水。大港区防办紧急调度，开启排水泵站，排水 11 个小时，将城区积水排除。

第四节　抗　　旱

一、旱灾

大港区受地理及气候条件影响，旱灾在时空分布上，具有以下特征，频次高：据 1991—2009 年的统计，旱灾连年发生，频率 100%；季节性强：春秋旱，夏涝；连续性突出：1999—2002 年，4 年期间出现 3 个特大干旱年。

在 1980 年以前，大港区处于丰水期，1960—1980 年，只发生中小旱灾 4 次。1991—2009 年，春秋季节干旱少雨，因而旱灾连年发生，特别是 1999 年、2000 年、2002 年都是特大干旱年，2001 年为中度干旱年。

1999 年是特大干旱年，全区年降雨量 306.3 毫米。特别是 1—3 月没有降雨，4 月、5 月平均降雨量 33.3 毫米。全区耕地面积 13560 公顷，农作物播种面积 11068 公顷，农作物因干旱受灾面积 10386.67 公顷。全年粮食总产 5303 吨，其中夏粮 2430 吨，秋粮 2873 吨，全年粮食总产不足一般年景的 1/10。种植业总产值 0.36 亿元，比上年下降 73.7%。

2000 年是特大干旱年，大港区降雨量 541.7 毫米，1—3 月平均降雨 6.4 毫米，4—6 月平均降雨 34.5 毫米，农作物播种面积 5498.53 公顷，农作物因旱受灾面积 4416 公顷，农作物因旱成灾面积 4416 公顷。全区粮食总产量不足一般年景的 1/10。种植业总产值 0.47 亿元，比上一年下降 2.1%。

2001 年遭受中度干旱，全区年降雨量 435.4 毫米，春季连续无降雨日 43 天。农作物播种面积 14252 公顷，农作物因旱受灾面积 1379 公顷，农作物因旱成灾面积 1379 公顷。全年粮食总产 18639 吨。全年粮食总产不足一般年景的 1/2。

2002 年是特大干旱年，全区年降雨量 371.9 毫米，农作物播种面积 10926.67 公顷，农作物因旱受灾面积 10246.67 公顷。农作物因旱成灾面积 8959.33 公顷。全年粮食总产 4520 吨。全年粮食总产不足一般年景的 1/10。种植业总产值 0.45 亿元，比上年下降 41.6％。

二、抗旱工作

面对严重的旱情，大港区政府提出"与其苦熬，不如苦干"，全力开展抗旱救灾工作，通过开采地下水、建设防渗渠道、推广抗旱节水技术等措施，抗旱救灾，将旱灾造成的损失降到最低程度。

1992 年，大港区自上年冬季到本年 3 月累计降雨 26 毫米，为常年的 40％。加之冬季气温偏高，致使大港区失墒面积达 11916 公顷，占全区耕地面积的 88％，造成夏播作物 934 公顷玉米、2000 公顷大豆基本绝收。区政府立即组织开展抗旱救灾工作，启动机井 137 眼，泵站 6 处，临时泵点 29 台套，喷灌机 67 台套，灌溉耕地 9700 公顷。

1994 年是历史上罕见的大旱之年。1—6 月滴雨未降，造成 13186.67 公顷农田失墒。大港区政府投资 650.48 万元，用于抗旱救灾，开启机井 142 眼，泵站 9 处，临时泵点 31 台套，喷灌机 59 台套，灌溉耕地 10465 公顷。

1995 年 7 月大港区普降大暴雨，各河道水量充沛，大港区水利局抓住时机，及时组织协调有关单位蓄水。到 8 月 20 日，北大港水库蓄水 3.14 亿立方米，钱圈水库蓄水 2000 万立方米，一级、二级河道和坑塘洼淀累计蓄水 1.39 亿立方米，为全区的抗旱工作提供了充足的水源保障。

1999 年大港区 1—3 月无降雨，4 月、5 月平均降雨量 33.3 毫米。全区农作物播种面积 11068 公顷，农作物因旱成灾面积 10392 公顷。大港区政府利用环港水利工程设施，自北大港水库、钱圈水库以及子牙新河、青静黄河调水抗旱，太平村镇窦庄子村还从河北省黄骅市捷地减河调水抗旱，缓解了旱情。

2001 年大港区春季连续无降雨日 43 天，地下水位的急剧下降，导致农村的生活井抽空掉泵的现象时有发生，给人民的生活带来了很大的影响。区政府加大抗旱救灾投资力度，投资 866.74 万元，其中市补 28 万元，区补 28 万元，自筹 810.74 万元。新打机井 19 眼，维修机井 48 眼。新建防渗明渠 18 千米，新建防渗暗管 16 千米。启动机井 143 眼，泵站 1 处，临时泵点 19 台套，喷灌机 71 台套，灌溉粮田 7633.33 公顷，临时解决 1.13 万人、0.236 万头牲畜的饮水困难。确保了 6625 公顷枣树成活，当年粮食增产 6000 万斤，经济作物增收 4500 万元。

2002 年，大港区持续干旱，是历史罕见的特大干旱年。10005 公顷耕地受灾，8671 公顷农作物成灾。有些乡镇出现人畜饮水困难。大港区政府投资 685.81 万元，新打机井 24 眼，维修 12 眼，总解决农村 10 万多人、大牲畜的饮水问题，灌溉粮田 4422 公顷，冬枣树 6070 公顷，保证了农民的口粮和冬枣树的生长。

2006—2009 年，大港区大力推广农业节水技术，投资 1600 多万元，维修机井 81 眼，铺设低压输水管道 252.5 千米。建设高产节水示范区面积 361 公顷、稳流式狭孔渗灌控制面积 147 公顷。将农业灌溉用水系数从 0.45 提升到 0.86，节约了大量的农业用水，有力地促进了抗旱救灾工作的开展。

三、抗旱工程

1991—2009 年，在持续干旱的情况下，大港区政府为解决农民吃饭问题，立足长期抗旱，发展节水型农业，加快调整农业种植结构，实施了 "'411' 抗旱节水工程" "环港调水工程" 以及农田防渗渠道建设工程。

（一）"411" 抗旱节水工程

大港区有耕地 13160 公顷，农业人口 10 万人，由于大港区土地低洼盐碱，渍托严重，加之连年干旱，地上水资源严重短缺。1993 年 3 月 8 日，市长张立昌，副市长朱连康到大港视察时提出 "大港区要立足长期主动抗旱，充分挖掘地上水源并适当开采地下水源，发展两高一优农业"（即高产粮田、高效菜田、优质果园）。

根据市领导的指示精神，针对大港区水资源紧缺的严峻形势，区政府制定《"411" 抗旱打井节水工程规划》，即：用 5 年时间建成 4 万亩旱涝保收粮田，1 万亩高效菜田，1 万亩高效优质果园。以保证 10 万农民的口粮和基本生活需求。该工程称为 "411" 抗旱节水工程。

1994 年 4 月 10 日，"411" 抗旱节水工程全面启动，全区共落实资金 404 万元，各乡镇纷纷行动，着手于三水工程和三田建设，平整土地，深挖沟渠，为实施 "两高一优" 农业打好基础。

1994 年天津市水利局副局长单学义率队来到大港，检查 "411" 抗旱节水工程建设情况，并决定从天津市抗旱经费中抽出 10 万元支持大港的工程建设。

1994 年完成投资 410.58 万元，其中市补 70.5 万元，区财政 75 万元，乡村自筹 265.08 万元。新打机井 15 眼，修井 16 眼，新建防渗渠道 5.28 万米，修建闸涵 58 座，建成高产粮田 820 公顷，高效菜田 146.67 公顷，优质果园 440 公顷，填补了大港区大棚蔬菜生产的空白。

4 月 19 日，区长罗保铭、副区长王强在区农村工作委员会、农林局、水利局、科委、财政局主要领导陪同下，深入到 7 个乡镇，视察"411"抗旱节水工程进展情况。对工程进度和质量表示满意，要求各有关单位要跟踪服务，加强对农民的技术指导，下到田间地块有针对性的服务，加强产中产后的服务，以最高的技术使农民获得最好的收入。

1995 年 12 月 20 日，"411"抗旱节水工程全面竣工，天津市水利局副局长单学义带领市农委、市水利局有关处室领导来港，验收"411"抗旱节水工程。在现场检查和听取汇报后，对工程的质量给予高度评价，指出大港区的南部抗旱工程有深度、有广度，有示范性、典型性和推广性。

（二）环港调水工程

1995 年汛末，北大港水库蓄水达到 3.14 亿立方米，10 月 15 日，副市长朱连康来港检查农建工作，对利用北大港水库水源问题做出明确指示。要求大港区要最大限度利用库内水资源，解决干旱问题。

1995 年 10 月 17 日，市水利局局长刘振邦带队来港，落实副市长朱连康的指示，研究北大港水库水源开发利用工作，环港调水工程框架基本敲定。

1995 年 11 月，经报请天津市水利局批准，于 1996 年实施环港调水工程。工程包括库水南调工程、库水西引工程和环港配套工程，总投资 3441.84 万元，其中基建工程投资 468.1 万元，干渠工程投资 1243.32 万元，支渠工程投资 965.14 万元，斗渠工程投资 432.28 万元，明渠开挖土方费 230 万元，其他费用 103 万元。安排工程 713 项，其中新建 610 项，包括泵站 28 座、闸涵 571 座、倒虹 4 座、渡槽 7 座。维修 103 项，包括泵站 42 座、闸涵 50 座、倒虹 10 座、渡槽 1 座。主要工程量：砖石 55979.84 立方米，混凝土 4703.81 立方米。

1996 年 2 月 12 日，负责兴济夹道倒虹工程建设任务的大港水利工程公司进驻施工现场，环港三项调水工程正式启动。

3 月 20 日，区人大常委会主任秦锦英带领人大代表 30 多人亲临现场视察环港调水工程进展情况。3 月 25 日，区长杨钟景视察环港调水工程进展情况。3 月 26 日，区委书记只升华、区委副书记王伟庄深入太平村镇、徐庄子乡检查环港调水工程，对工程质量提出严格要求。

4 月 18 日，环港调水工程麦田工程全部竣工。4 月 20 日，北大港水库水源经过新建的库水南调工程顺利进入子牙新河河道，使子牙新河滩地内 1333.33 公顷麦田 30 年来第一次得到灌溉。

5 月 20 日，环港调水工程稻田工程竣工，确保了新开的 1333.33 公顷稻田顺利拉荒插秧。当年总产达到 800 万公斤。

6 月 15 日，大港区麦田获得大丰收，在 35 年未遇的大旱之年夺得夏粮总产 1300

万公斤的历史最高水平。

7月16日，市水利局党委书记王耀宗、局长刘振邦、副局长单学仪到大港区视察环港三项调查水工程的效益情况，区委书记只升华、区长杨钟景、副区长王强陪同视察，经过现场视察后，市局领导对环港工程的进度、质量和效益给予高度评价，并指出：一是没想到工程进度这么快；二是没想到工程质量这么好；三是没想到工程效益这么高；四是没想到区、乡镇领导工作力度这么大。

7月20日，大港区被天津市人民政府评为天津市农建工作第二名。

第四章

农村水利

　　大港区以农业为主的镇街有 5 个，为太平镇、中塘镇、小王庄镇、古林街、港西街。农业人口 10.5 万人。农村水利建设是大港区政府的重点工作之一。1991 年冬和 1992 年春的农田水利基本建设工程主要依照"八五"规划和汛期暴露出来的问题制定，1992 年完成二级河道筑堤 3 条，土方 5.27 万立方米；干渠清淤 15 条，22.4 公里，土方 6.35 万立方米；修支渠 29 条，40.19 公里，土方 13.95 万立方米。之后，为解决广大农民的温饱问题，大港区委、区政府认真贯彻党的"三农"政策，以加快农田水利基本建设为核心，大力实施农田水利工程和移民工程建设，推进以节水为目标的灌区改造。1991—2009 年，总投资 3.56 亿元，实施了"'411'抗旱节水工程""环港调水工程"等农田水利工程，建成大批水利设施，使大港区的农业基础设施得到进一步完善，农田排灌标准进一步提高，有效地解决了农民温饱问题。

第一节　蓄　水　工　程

一、北大港水库

　　建库初期，库区面积为 446 平方千米，库容为 3.98 亿立方米，1965 年根据大港油田的开发建设需要，在库区修建穿港公路，将库区划退到穿港公路以北，使蓄水面积压缩到 152 平方千米，约为原大港面积的 1/3。1973 年，天津市革委在召开的第 32 次主任办公会议上，作出了兴建决定。1975 年，天津市规划设计院编制了《北大港蓄水工程总体规划》，确立在以蓄水为主的原则下，鱼、苇、藕、林全面发展，将北大港水库建设成为一个蓄泄兼顾、综合利用的大型平原水库。

　　改建后的北大港水库库区占地面积为 164 平方千米，设计最低蓄水 4 米，相应死库容 0.6 亿立方米。设计正常蓄水位 7 米，蓄水总量 5 亿立方米。四周围堤长 54.51 千米，堤顶高 9.5 米，堤顶宽 10 米，迎水坡 1∶3；背水坡上部 1∶3，马道以下 1∶4，主堤前临港侧筑有防浪林台，林台迎水波 1∶8，台顶宽 28～35 米，台顶高程 7.5 米。并在库区内跟主堤轴线 200～1000 米处，筑有防浪堤 1 道，总长 35.48 千米（自桩号 40＋458 以东的北围堤段处未建），防浪堤顶宽 8 米，堤顶高程 7.0～7.5 米，北港坡

1：5，迎港坡1：8。

主要配套建筑物：马圈闸、姚塘子扬水站（排水能力为78立方米每秒，用以扬水入库）、十号口门过船调节闸等进水闸，且在四围堤建有大港农场、刘岗庄、跃进闸3座闸和赵连庄、大苏庄农场，沙井子、大港油田、鱼种场、用支三等6处穿堤倒虹吸（供库周边农业和大港油田水厂取水）。

自1954年，北大港水库建成为滞洪蓄水区后，至2009年水库发挥了供水、分洪、滞洪和蓄水灌溉养殖的综合效益。

二、中型水库

（一）钱圈水库

钱圈水库是一座具有农田灌溉、植苇、养鱼综合功能的中型平原水库。水库位于大港区西北部，在马厂减河（上段）以南、小王庄镇以东、马圈引河以西、北大港农场以北，是历史河道冲积形成的自然洼地。占地面积11.67平方千米。水库于1977年动工兴建，1978年10月竣工，总投资110万元，其中国家拨款40万元，自筹70万元。水库设计指标为最大蓄水面积9平方千米，正常蓄水面积8.67平方千米。蓄水位设计最高6.5米（以下所有高程均为大沽高程系），正常蓄水位5.0米，汛期限制水位4.5米，死水位4.0米。设计最大库容为2707.5万立方米，正常蓄水库容1327.2万立方米，死库容436.5万立方米，兴利库容890.5万立方米。库区平均地面高程3.5米，水库围堤为土坝，主坝设计顶高程8米，最大设计坝高4.8米，设计顶宽8米，堤防长12米。水库建配套穿堤建筑物4座，其中进水涵闸1座，10立方米每秒；泄水涵闸2座，西围堤三号桥放水闸设计流量为8立方米每秒、东围堤马圈放水闸设计流量为4立方米每秒；蓄水泵站1座，2.4立方米每秒。

水库主要配套设施如下：

马厂减河进水闸。马厂减河进水闸设在马厂减河右堤上，建于1978年，在钱圈水库北侧的引河，引河连接水库进水口和马厂减河进水闸，设计流量为10立方米每秒，为直径1.5米×3米孔的混凝土圆涵，涵闸进水口底板高度为1.65米，闸门为平板铸铁闸门，闸门启闭机3吨6台，启闭为手摇。

马圈放水闸。马圈放水闸位于水库围堤东侧，建于1978年，设计流量为4立方米每秒，为单孔砌石方涵，石砌拱顶，断面尺寸2米×2米，泄水口底板高程为2.0米，闸门为木闸门，启闭为手摇。

马圈引河倒虹改建工程。原倒虹兴建于1982年，管径1200毫米，为双排平口混凝土管。由于年久老化，穿越马圈引河段管道漏水严重，漏出的污水严重污染河水。改建工程：将马圈引河河槽部分拆除，改建为管径 1800 毫米单排混凝土承插管。工程于 2005 年 3 月 15 日开工，4 月 30 日竣工。工程投资 41 万元。该工程由天津市水利勘测设计院设计，天津市大港水利工程公司施工。完成工程量：开挖土方 5000 立方米，安装管径 1800 毫米承插口管长 69 米，兴建混凝土管镇墩 2 个、混凝土 35 立方米，建设管道连接混凝土井 2 座、混凝土 68 立方米，更换闸门 4 套。

三号桥放水闸。三号桥放水闸位于水库围堤西侧，建于 1978 年，设计流量 8 立方米每秒，为 2 孔砌石方涵，石砌拱顶，断面尺寸 2 米×2 米×2 米，涵闸底板高程为 2.0 米，闸门为平板铸铁闸门，闸门启闭机 5 吨 6 台，启闭为手摇。2002 年三号闸实施了除险加固。投资 18 万元，更换 2 米×2 米闸门 2 个，5 吨启闭机 2 台。

蓄水泵站。泵站位于钱圈水库围堤南侧，建于 1986 年，扬水站的总流量为 2.4 立方米每秒，涵洞两侧墙体为浆砌石，顶为钢筋混凝土方涵，断面尺寸 2 米× 1.5 米。

（二）沙井子水库

沙井子水库位于大港区西南部，在青静黄排水渠以北、大港油田红旗路以南、港西街新联盟村以西，隶属于大港区港西街道办事处管理。是一座以蓄代排、灌溉、养殖为主的综合型中型水库。水库于 1977 年动工兴建，1978 年 6 月竣工，总投资 100 万元，其中国拨 15 万元，自筹 85 万元。水库占地面积 6.8 平方千米。有管理人员 14 名。设计水库最高蓄水位 6.0 米（大沽），正常蓄水位 5.5 米，死水位 3.5 米，设计最大库容为 2000 万立方米，正常库容 1200 万立方米，死库容 500 万立方米。围堤为均匀土坝，堤防长 12.2 千米，设计堤顶高程 7.0 米，坝顶宽 5.0 米，坝基宽 52 米，外坡 1∶4，内坡 1∶10。配套建筑物有蓄水扬水站 1 座，设计流量 4 立方米每秒；蓄水闸涵 2 座，南堤方涵 4 立方米每秒、西堤管涵 2 立方米每秒；泄水闸 1 座，2 立方米每秒。

大港区中型水库见表 4-1-17。

三、河道及小型蓄水工程

为提高农村抗旱能力，充分发挥地表水资源的利用效率。1991—2009 年，大港区疏浚河道、加固堤防，使一级、二级河道蓄水能力达到 1.34 亿立方米，其中一级河道蓄水容积为 1.15 亿立方米，有效蓄水容积 1.10 亿立方米；二级河道和小型水利工程蓄水容积为 0.19 亿立方米，有效蓄水容积 0.19 亿立方米。

大搞农田基本建设，38 条干渠、100 座小型水利工程、202 个坑塘、30 个洼淀草塘，新增有效蓄水容积 0.25 亿立方米。

表 4-1-17   大港区中型水库一览表

部 位	项 目	钱圈水库	沙井子水库
初建年份		1977—1978	1977—1978
占面积/平方千米		11.67	6.80
水库水位/米	最高蓄水位	6.50	6.00
	正常蓄水位	5.00	5.50
	死水位	4.00	3.50
水库库容/万立方米	总库容	2700.00	2000.00
	设计库容	1327.00	1200.00
	死库容	435.00	500.00
面积/公顷	设计最大蓄水	900.00	680.00
	正常蓄水	886.67	666.67
	库底	866.67	600.00
高程/米	地面平均	3.50	3.50
	库底平均	3.50	3.50
主要工程技术指标	堤型	均质土坝	均匀土坝
	围堤长度/千米	11.60	12.20
	堤顶高程/米	8.00	7.00
	最大坝高/米	4.50	3.50
	堤顶宽度/米	5.00	5.00
	内坡比	1∶10/1∶4	1∶1
	外坡比	1∶4	1∶4

注 1 万亩＝666.7 公顷。

第二节 灌 排 泵 站

大港区有区管排涝泵站 17 座（包括城排泵站和东部泵站），排水能力 80.2 立方米每秒。农田小型灌排泵站 219 座，其中排涝泵站 69 座、灌溉泵站 150 座。农田干渠、支渠、斗渠 1219 条，其中干渠 61 条，总长度 1246.27 千米，配套闸涵 2743 处，其中骨干排涝闸涵 180 处。

一、区管排涝泵站

在 17 座区管排涝泵站中，有 3 座泵站隶属大港区水务局排灌站管理，为城区雨排总站、城区东部泵站和刘岗庄泵站。其余 14 座泵站由各乡镇、街管理和使用。这些泵站担负着大港区城区、居民小区、驻区企事业单位、大港经济技术开发区和涉农镇街部分耕地的排水任务。各泵站基本情况和泵站更新、维修情况如下。

1. 城区雨排总站

该站于 1995 年建成，总投资 196 万元。所在河道为荒地排河，装有 900ZLB－100 水泵 3 台套，设计排水能力 6 立方米每秒，完成了排 18.14 平方千米的效益面积。2009 年区政府更新水泵 2 台维修 1 台，更新开关柜 6 面、启闭机 2 套、对出水池进行加固，厂房、管理间进行维修，确保了泵站运行正常，机电设备完好。

2. 城区东部泵站

该站所在河道为板桥河，2004 年总投资 240 万元进行更新改造。装有 900ZLB－100 水泵 2 台套、600ZLB－100 水泵 2 台套，设计流量 6 立方米每秒，属于排水泵站。2009 年区政府出资对 4 台套水泵进行维修，并对主体厂房、管理间和部分护栏进行维修。

东部排水一期工程将于 2010 年实施。主要内容：板桥河（上高路至电厂拐弯处）清淤长度 6.5 千米，开发区排水沟（港塘公路至板桥河）清淤长度 2.9 千米，轧钢一厂排水沟（铁路东侧，万全路至开发区排水沟）清淤长度 1.3 千米，动土方 30.4 万立方米；在万全路北侧、铁路西侧新建临时排水泵站 1 座 1.8 立方米每秒，东部泵站增加 2 台 900ZLB，由 6 立方米每秒提高到 10 立方米每秒，工程投资 2053.22 万元。2010 年 3 月 10 日开工，6 月 15 日竣工。

大港区城区雨排总站排水渠清淤现场如图 4－2－3 所示。

3. 刘岗庄泵站

该站位于北大港水库西南围堤以南，青静黄排水渠的北岸，是区管的国有中型扬水站，建于 1964 年，装有 36WZ－82 型水泵 3 台，配有 TR 型 128－8 型电动机 3 台，设计扬水能力 6 立方米每秒，灌溉面积 2667 公顷。并建有调节闸 8 座，青静黄倒虹吸 1 座。该站原设计以灌为主，以排为辅。1991 年更新改建，建在青静黄排水右岸，总投资 223.32 万元。装有 900ZLB－100 水泵 3 台套，排水能力 6 立方米每秒。设计排水面积为 2668 公顷，灌溉面积为 3335 公顷，灌区配套干渠 7 条、长 76.8 千米，支渠 14 条、长 45.7 千米，配套闸 13 座、涵洞 12 座。2009 年区政府出资更新水泵 3 台套开关柜 8 面，启闭机 3 套、变压器 2 台，并对主体厂房，管理间进行维修。

4. 中塘泵站

该站建于 1996 年，所在河道为独流减河，总投资 378 万元，装有 900ZLB－100 水

图4-2-3 大港区城区雨排总站排水渠清淤现场

泵2台套，排水能力4立方米每秒，属于排灌两用泵站。

5. 北台扬水站

北台扬水站建于1971年，所在河道为独流减河，总投资30万元。装有36WZ-82水泵3台套，排水能力6立方米每秒。实际排涝面积为2501公顷，配套干渠2条、长12.5千米，支渠7条、长21千米，配套闸涵16座。

6. 甜水井泵站

该站建于1982年，所在河道为马圈引河，总投资35万元。装有24WZ-72水泵3台套，排水能力2.4立方米每秒。设计排涝面积2801公顷，排涝标准为5年一遇。灌区设计灌溉面积666.67公顷，灌区内配有干渠2条、长12千米，支渠6条、长24千米，斗渠27条、长13.5千米，配套闸8座，涵洞2座。

7. 小王庄泵站

该站位于大港区西南小王庄镇境内，控制范围为青静黄排水渠以北，马厂减河以南，大港农场以西，205国道以东，总排涝面积3120公顷，其中耕地面积约为1801公顷，占地0.76公顷。

按泵站排水的方向，主要工程依次布置有引渠（包括配套涵洞4座）、进水渠、进水池、主体泵房、出水渠、防洪闸。设施包括配电及管理用房、总排干维修等建（构）筑物。重建后，泵站设计流量为8立方米每秒，共安装4台900ZLB-100型潜水轴流泵，500千伏安变压器、250千伏安变压器各1台。泵站金属结构主要包括水池拦污栅、出水压力钢管、配套工程闸门及启闭机。

主要完成工程量：混凝土1812立方米，浆砌石1888立方米，土方98678立方米，铸铁闸门6面。工程总投资827万元。工程自2006年3月20日开工，7月15日竣工。

8. 小苏庄泵站

该站建于 1967 年，是将六间房扬水站旧设备拆迁至此而建的，所在河道为青静黄河道，总投资 79.1 万元。装 36WZ-82 水泵 2 台套，排水能力 4 立方米每秒。1983 年，该站扩建新装，36WZ-82 水泵 3 台套，现排水能力达到 10 立方米每秒。排水面积扩大为 5520 公顷，排水标准提高到 10 年一遇，灌溉面积增至 2000 公顷。灌区有配套干渠 3 条、长 27 千米，并有配套的排水闸 2 座、进水闸 1 座、节制闸 1 座。小苏庄扬水站与刘岗庄灌区已建成为一个大灌区，统称为徐庄子灌区。

2009 年，小王庄镇政府出资 21.68 万元，维修水泵 1 台套，更新拦污栅并对进水口进行清淤。

9. 西部泵站

太平村西部扬水站是一座国有乡管站，坐落在太平镇大苏庄村北、青静黄排水渠右岸。该站于 1974 年修建，设计该站装有 36WZ-82 型水泵 3 台，提水能力 6 立方米每秒。设计排涝面积 2335 公顷，设计灌溉面积为 1668 公顷，实际灌溉面积达到 2000 公顷。灌区配有干渠 3 条、长 25.5 千米，支渠 12 条、长 25 千米，并有配套闸 14 座、涵洞 2 座，同时建有 3 排直径为 1.65 米水泥管的倒虹穿越青静黄排水渠，以引用北大港水库水源进行灌溉。该站因年久失修设备老化，经天津市水利局批准，在原址北侧重新扩建。排涝标准 10 年一遇，将沥水排入北大港水库作为灌溉水源，可减轻青静黄排水渠的排水压力。1994 年竣工，完成钢筋混凝土 1800 立方米，浆砌石 2500 立方米，砌砖 415 平方米，土方 3.8 万立方米，总投资 539.79 万元。装有 900ZLB-100 水泵 5 台套，排水能力 10 立方米每秒，属于排灌两用泵站。

10. 远景二扬水站

位于远景二村西青静黄排水渠右岸，始建于 1967 年，于 1989 年重建，所在河道为青静黄排水渠，总投资 108 万元。装有 36WZ-82 水泵 2 台套，排水能力 4 立方米每秒。设计排水面积为 1401 公顷，灌溉面积为 734 公顷。远景二扬水站灌区有配套干渠 2 条、配套闸 5 座、涵洞 9 座。

11. 友爱泵站

该站位于太平村镇兴济夹道右岸，建于 1973 年，排水能力 2 立方米每秒，于 1996 年拆除重建，总投资 212.9 万元装有 600ZLB-100 水泵 3 台套，排水能力 3 立方米每秒，属于排灌两用泵站。

12. 张家灶泵站

该站位于太平村镇子牙新河右岸，于 1997 年对泵站进行重建，总投资 233.2 万元。装有 600ZLB-100 水泵 2 台套，排水能力 2 立方米每秒。属于排灌两用泵站。

13. 窦庄子泵站一站

该站建于 1972 年，所在河道为沧浪渠，总投资 6 万元。2008 年进行改造，装有

24WZ－72 水泵 2 台套，排水能力 1.6 立方米每秒。

14. 窦庄子泵站二站

该站建于 1972 年，所在河道为沧浪渠，总投资 6 万元。于 2008 年进行了改造，装有 24WZ－72 水泵 1 台套，HW－500 水泵 1 台套，排水能力 1.3 立方米每秒。

15. 翟庄子泵站

该站建于 1972 年，所在河道为沧浪渠，总投资 6.3 万元。2008 年进行重建装有 24WZ－72 水泵 2 台套，排水能力 1.6 立方米每秒。

16. 沙井子水库泵站

该站建于 1979 年，所在河道为青静黄排水渠左岸，总投资 24 万元。装有 36WZ－82 水泵 2 台套，排水能力 4 立方米每秒。

17. 自力泵站

该站建于 1972 年，位于青静黄排水渠左岸，总投资 19 万元。装有 36WZ－82 水泵 2 台套，排水能力 4 立方米每秒。设计排涝面积 6.67 平方千米，排沥标准为 20 年一遇。设计灌溉面积为 8 平方千米，实际灌溉面积为 3.34 平方千米，建有干渠 3 条、长 11.3 千米，支渠 13 条、长 24 千米，闸 5 座，涵洞 3 座。

大港区 17 座区管泵站基本情况见表 4－2－18。

二、农田小型排灌泵站

大港区有 5 个涉农乡镇，14000 公顷耕地。被河道分割成相对独立的区域，难以集中灌溉和排涝。在立足实际的前提下，1990—2009 年小型灌溉排水泵站 121 座，其中灌溉泵站 43 座，排涝泵站 54 座，灌排泵站 25 座，装机台数 207 座，设计流量 163.54 立方米每秒，基本解决的农田的排灌问题。

大港区小型灌溉排水泵站基本情况见表 4－2－19。

三、闸涵

大港区为了加快农田水利基本建设，完善水利工程配套设施，1991—2009 年大港区新建水闸 322 座，其中分水闸 28 座、进水闸 86 座、排水闸 118 座、节制闸 82 座、进排水闸 8 座，新建涵洞 1524 处。这些闸涵起到了调剂水源、改善用水条件的作用，保障了大港区的农业用水，使全区农田基本实现了旱能浇、涝能排，促进了大港区农业生产和经济发展。

1991—2009 年大港区完建水闸基本情况见表 4－2－20。

表4-2-18

大港区17座区管泵站基本情况表

序号	扬水站名称	所在河道	总投资/万元	建站(改扩)年份	电动机 型号台数	电动机 单机/千瓦	电动机 单站/千瓦	水泵 型号台数	水泵 单泵/立方米每秒	水泵 单站/立方米每秒	变压器 型号台数	变压器 一二次/性质	扬水站性质	效益面积/公顷 灌溉设计标准	效益面积/公顷 排水10年一遇	管理单位
1	西部泵站	青静黄排水渠	539.79	1994	JRL14-12/5	165	825	900ZLB-100/5	2.0	10.0	SJ-630/1 SJ400/1	10/3.0	排灌	2000.00	3200.00	太平镇
2	远景二泵站	青静黄排水渠	108.00	1989	RL14-12/2	165	330	36WZ-82/2	2.0	4.0	SJ-400/1	10/3.0	排灌	733.33	1400.00	太平镇
3	友爱泵站	兴济夹道	212.90	1996	J315S-8/3	55	165	600ZLB-100/3	1.0	3.0	SJ-250/1	10/0.4	排灌	1000.00	1333.33	太平镇
4	张家灶泵站	子牙新河	233.20	1997	J315S-8/3	55	110	600ZLB-100/2	1.0	2.0	SJ-250/1	10/0.4	排灌	200.00	666.67	太平镇
5	瞿庄子泵站	沧浪渠	6.30	1972	J094-8/1	55	55	24WZ-72/2	0.8	0.8	SJ-180/1	10/0.4	排灌	200.00	300.00	太平镇
6	窦庄子泵站一	沧浪渠	6.00	1972	J094-8/1 JS116-10/1	55	110	24WZ-72/2	0.8	1.6	SJ-180/1	10/0.4	排灌	266.67	266.67	太平镇
7	窦庄子泵站二	沧浪渠	6.00	1972	J094-8/2	155	110	24WZ-72/1 HW-500/1	0.5	1.3	SJ-180/1	10/0.4	排灌	266.67	400.00	太平镇
8	小苏庄泵站	青静黄排水渠	379.10	1983	JRL28-8/5	55	775	36WZ-82/5	2.0	10.0	SJ-750/1 SJ-560/1	10/0.4	排灌	1333.33	3000.00	小王镇
9	甜水井泵站	马圈引河	35.00	1982	J094-8/3	155	165	24WZ-72/3	0.8	2.4	SJ-320/1	10/0.4	排灌	666.67	666.67	中塘镇

续表

序号	扬水站名称	所在河道	总投资/万元	建站(改扩)年份	电动机			水泵			变压器		扬水站性质	效益面积/公顷		管理单位
					型号台数	单机/千瓦	单站/千瓦	型号台数	单泵/立方米每秒	单站/立方米每秒	型号台数	一次/二次性质		灌溉设计标准	排水10年一遇	
10	北台扬泵站	独流减河	30.00	1971	JR128-8/3	155	465	36WZ-82/3	2.0	6.0	SJ-750/1	10/0.4	排灌	1333.33	1333.33	中塘镇
11	中塘泵站	独流减河	378.00	1996	JSL14-12/2	155	310	900ZLB-100/2	2.0	4.0	SJ-400/1	10/0.4	排灌	1096.67	100.00	中塘镇
12	沙井子水库泵站	青静黄排水渠	24.00	1979	JR128-8/2	155	310	36WZ-82/2	2.0	4.0	SJ-560/1	10/3.0	排灌	666.67	1333.33	港西街
13	城区雨排地总站	荒地排河	196.00	1995	SL14-12/3	155	465	900ZLB-100/3	2.0	6.0	SJ400/1 SJ250/1	10/0.4	排		1813.33	区管
14	刘岗庄泵站	青静黄排水渠	223.32	1990	SL14-12/3	165	495	900ZLB-100/2 600ZLB-100/224	2.0	6.0	SJ-630/1	10/0.3	排灌	3333.33	2666.67	区管
15	自力泵站	青静黄排水渠	29.00	1974	JR128-8/2	155	310	36WZ-82/2	2.0	4.0	SJ-400/1	10/0.4	排灌	800.00	333.33	港西街
16	城区东部泵站	板桥河	240.00	2004	JSL500-100/2 J315S-8/2		420	900ZLB-100/2 600ZLB-100/2	2.0	6.0	SJ-400/1 SJ250/1	10/0.4	排			区管
17	小王庄泵站	青静黄排水渠	827.00	2006	JSL500-100/4	130	520	900ZLB-100/4	2.0	8.0	SJ500/1 SJ250/1	10/0.4	排灌		1800.00	小王庄镇

注　1万亩=666.7公顷。

表 4-2-19

大港区小型灌溉排水泵站基本情况表

序号	泵站名称	所在乡/镇	座数	装机功率/千瓦	装机台数	设计流量/立方米每秒	受益面积 灌溉 设计	受益面积 灌溉 实际	受益面积 排涝 设计	受益面积 排涝 实际	建成投运年份	泵站
一	灌溉泵站		43									
1	北抛泵站		1	55	2	1.00						500
2	陈寨庄泵站		1	55	2	1.00						500
3	东抛泵站		1	55	1	0.50					1976	500
4	李官庄泵站		1	40	1	0.30					1977	300
5	小苏庄泵站		1	55	1	0.50					1982	500
6	东抛泵站	小王庄镇	1	40	1	0.20					1975	300
7	富强闸泵站		1	55	1	0.80					1980	500
8	王房子泵点		1	40	1	0.20					1980	300
9	富强闸站		1	40	1	0.20					1968	300
10	钱圈泵站		1	40	1	0.30					1988	300
11	渡口泵站		1	40	1	0.30					1988	300
12	徐庄子泵站		1	55	1	0.50						500
13	沙井村南站	港西街	1	44	2	0.40					1989	300

续表

序号	泵站名称	所在乡/镇	座数	装机功率/千瓦	装机台数	设计流量/立方米每秒	受益面积				建成投运年份	泵站
							灌溉		排涝			
							设计	实际	设计	实际		
14	六间房泵站	大平镇	1	55	1	0.50						500
15	东部站	大平镇	1	510	2	2.80						900/600
16	子牙新河南		1	95	2	1.00					1969	600
17	青年渠泵站		1	110	2	1.00	0.50	0.50			1987	500
18	南台泵站		1	90	2	0.70	0.30	0.15			1979	500/400
19	新房子泵站		1	44	2	0.30	0.10	0.10			1996	300
20	东河筒泵站		1	110	2	1.00	0.50	0.50			1999	500
21	西河筒泵站		1	110	2	1.00	0.50	0.50			1999	500
22	朝宗桥泵站	赵连庄镇	1	74	2	0.80	0.20	0.20			1996	400
23	赵连庄泵站		1	55	1	0.50	0.10	0.10			1996	500
24	红房子泵站		1	110	2	1.00	0.80	0.60			1996	500
25	东河筒泵站		1	44	2	0.30	0.10	0.10			1996	300
26	西河筒泵站		1	44	2	0.30	0.10	0.10			1996	300
27	刘塘庄泵站		1	55	1	0.50	0.30	0.30			1987	500

序号	泵站名称	所在乡/镇	座数	装机功率/千瓦	装机台数	设计流量/立方米每秒	受益面积				建成投运年份	泵站
							灌溉		排涝			
							设计	实际	设计	实际		
28	常流庄泵站		1	74	2	0.80	0.20	0.20			1998	400
29	新房子泵站		1				0.10	0.10			1976	500
30	常、小、杨泵站		1	110	2	1.00	0.60	0.60			1979	500
31	南台泵站	赵连庄镇	1	77	2	0.70	0.10	0.10			1996	500/300
32	西闸泵站		1	28	1	0.30	0.08	0.07			1976	400
33	西闸泵站		1	74	2	0.80	0.10	0.10			1996	400
34	西河简泵站		1	59	2	0.60	0.13	0.13			1997	400/300
35	马圈过水泵站		1	37	1	0.40	0.20	0.20			1997	400
36	甜水井泵站		1	77	2	0.90	0.30	0.30			1982	600/300
37	大安泵站		1	165	3	2.10	0.20	0.20				600/500
38	西正河泵站		1	160	3	2.10	0.20	0.20				600/500
39	张港子泵站	中塘镇	1	55	1	0.80	0.10	0.10				600
40	黄房子泵站		1	55	1	0.50	0.10	0.10				500
41	中塘泵站		1	110	2	1.00	0.10	0.10				500
42	薛卫台泵站		1	110	2	1.00	0.10	0.10				500
43	万家码头泵站		1	55	1	0.50	0.10	0.10				500

续表

序号	泵站名称	所在乡/镇	座数	装机功率/千瓦	装机台数	设计流量/立方米每秒	受益面积 灌溉 设计	受益面积 灌溉 实际	受益面积 排涝 设计	受益面积 排涝 实际	建成投运年份	泵站
二	排涝泵站		55									
1	腰河泵站		1	165	3	2.40			0.50	0.50	1982	600
2	北抛泵站		1	110	2	1.00			0.20	0.20	1979	500
3	陈寨庄泵站	小王庄镇	1	55	1	0.50			0.20	0.20	1979	500
4	小辛泵站		1	110	2	1.00			0.15	0.15	1968	500
5	刘岗庄泵站		1	55	1	0.50			0.10	0.10	1979	500
6	刘岗庄东洼泵站		1	55	1	0.80			0.15	0.15	1982	600
7	刘岗庄猴头洼泵站		1	110	2	1.60			0.30	0.30	1982	600
8	南河顺泵站		1	55	1	0.50			0.12	0.12	1976	500
9	张庄子泵站		1	110	2	1.00			0.20	0.20	1971	500
10	远景三河南	港西街	1	55	1	0.50			0.35	0.35	1978	500
11	远景三河心		1	110	2	1.00			0.30	0.30	1979	500
12	远景一河南		1	55	1	0.50			0.35	0.35	1978	500
13	远景一河心		1	55	1	0.60			0.40	0.40	1979	500
14	远景一九斗		1	110	2	1.00			0.40	0.40	1980	500/300
15	老联盟村西站		1	55	1	0.80			0.28	0.28	1978	500

序号	泵站名称	所在乡/镇	座数	装机功率/千瓦	装机台数	设计流量/立方米每秒	受益面积				建成投运年份	泵站
							灌溉		排涝			
							设计	实际	设计	实际		
16	老联盟村东站		1	55	1	0.50			0.29	0.29	1933	500
17	故道扬水站	港西街	1	55	1	0.50			0.12	0.12	1930	600
18	排支三扬水站		1	110	2	1.80			0.30	0.30	1976	600
19	工农排涝站		1	110	2	1.00						500
20	沙三联合扬水站		1	110	2	4.00			0.40	0.40	1979	500/900
21	大苏庄用支七站		1	110	2	1.60			0.20	0.20	2008	600
22	太平村沧浪渠站		1			0.50			0.15	0.15	2008	600
23	郭庄子村南泵站		1	150	2	1.60					2004	500
24	崔庄村北站	太平镇	1	55	1	0.80			0.20	0.20	1980	500
25	大村一站（港中路一站）		1	620	4	8.00					2009	900
26	大村二站（港中路二站）		1	110	2	1.60			0.60	0.60	2009	900
27	苏园村北站		1	55	1	0.54			0.20	0.20	1974	500
28	大道口河北站		1	95	2	0.80			0.45	0.45	1977	
29	刘庄支四站		1	95	2	0.80			0.30	0.30		
30	太平村一号桥站		1	55	1	0.50						
31	太平村3斗泵站		1	110	2	1.20			0.20	0.20		

序号	泵站名称	所在乡/镇	座数	装机功率/千瓦	装机台数	设计流量/立方米每秒	受益面积				建成投运年份	泵站
							灌溉		排涝			
							设计	实际	设计	实际		
32	东升二河南站		1	55	1	0.60						
33	六间房河南站		1	55	1	0.50						
34	六间房村东站		1	55	1	0.80			0.10	0.10		500
35	翟庄子放牛场站		1	55	1	0.60			0.15	0.15		600
36	翟庄子河南站		1	110	2	1.20			0.30	0.30	2008	
37	窦庄子水库一站		1	110	2	1.60			0.80	0.80		600
38	窦庄子南开站	太平镇	1	110	2	0.80			0.20	0.20		600
39	窦庄子长地泵站		1	110	2	0.80			0.40	0.40		600
40	窦庄子堰西泵站		1	110	2	1.60			0.60	0.60		600
41	窦庄子排干二站		1	55	1	0.80			0.20	0.20		500
42	窦庄子西南洼泵站		1	55	1	0.80			0.10	0.10		500
43	总站		1	110	2	2.8			0.60	0.60		900/600
44	窦庄子二辣子泵站		1	55	1	0.80			0.10	0.10		500
45	友爱村泵站		1	55	1	0.50			1.50	1.50		300
46	窦庄子西倒虹泵站		1	110	2	1.60			0.30	0.30		600

续表

序号	泵站名称	所在乡/镇	座数	装机功率/千瓦	装机台数	设计流量/立方米每秒	受益面积 灌溉 设计	受益面积 灌溉 实际	受益面积 排涝 设计	受益面积 排涝 实际	建成投运年份	泵站
47	刘塘庄泵站		1	110	2	1.00			0.30	0.30		
48	东河简泵站		1	55	1	0.50			0.35	0.35		400
49	朝宗桥泵站		1	55	1	0.50			0.40	0.40		500
50	马圈洼泵站		1	110	2	1.00			0.40	0.40		600
51	赵连庄泵站	中塘镇	1	55	1	0.80			0.40	0.28		500/300
52	南台泵站		1	110	2	4.00			0.40	0.40		500
53	西闸泵站		1	55	1	0.60			0.40	0.13		500
54	建国泵站		1	110	2	0.60					2007	350
55	东部泵站	区管	1	410	4	6.00					2004	900/600
三	灌排泵站		25									
1	小王庄泵站	小王庄	1	520	4	8.00			2.70		2006	900
2	沙井子水库	港西街	1	310	2	4.00	1.00		2.00		1979	900
3	自力泵站		1	310	2	4.00	1.20		0.50		1974	900
4	大苏庄用支四站		1	165	4	2.00			0.60	0.60	2006	600
5	大道口老房口泵站	太平村	1	110	2	2.50			0.80	0.80	1969	900/500
6	红星青静黄站		1	110	2	1.60			0.60	0.60	2009	900
7	霍庄子村西站		1	110	2	1.60			0.40	0.40	2008	900

续表

序号	泵站名称	所在乡/镇	座数	装机功率/千瓦	装机台数	设计流量/立方米每秒	受益面积				建成投运年份	泵站
							灌溉		排涝			
							设计	实际	设计	实际		
8	五星扬水站		1	165	3	6.00						900
9	用支六泵站		1	165	2	4.00			0.80	0.80		900
10	远景二	太平村	1	330	2	4.00	1.10			2.10	1989	900
11	友爱		1	165	3	3.00	1.50			2.00	1996	600
12	张家灶		1	110	2	2.00	0.30			1.00	1997	600
13	灌庄子		1	55	1	0.80	0.30			0.45	1972	600
14	窦庄子一站		1	110	2	1.60	0.40			0.40	1972	600
15	窦庄子二站		1	110	2	1.60	0.40			0.60	1972	600
16	常流庄泵站		1	110	2	1.00	1.00	0.50	1.00	0.20		500
17	大安村泵站	中塘镇	1	55	1	0.50			0.40	0.29		
18	薛卫台泵站		1	55	1	0.50			0.40	0.12		500
19	甜水井泵站		1	110	2	1.80			0.40	0.30		500
20	万家码头泵站		1	110	2	1.00			0.40	0.50		600
21	甜水井泵站		1	165	3	2.40	1.00		1.00		1982	900
22	北台泵站		1	465	3	6.00	2.00		2.00		1971	900
23	中塘泵站	区管	1	310	2	4.00	1.65		0.15		1996	900
24	刘岗庄泵站		1	495	3	6.00	5.00		4.00		1990	900
25	城排泵站		1	465	3	6.00						

表4-2-20

1991—2009年大港区完建水闸基本情况表

乡镇	河(渠)别	水闸名称	坐落位置	完建年份	水闸类型	结构形式				技术指标/米			启闭机			投资/万元			
						孔数	孔径/米	长度/米	宽度/米	底部高程	孔顶高程	胸墙高程	吨位	台数	产地	合计	国拨	区拨	自筹
古林街	长青河	节制闸	建国村津歧公路西电厂后	1997	节制闸											1.200	0.70	0.60	0.600
古林街	东大荒支渠	节制闸	上古林村	1996	节制闸	1	1.5×1.5	4								2.160	0.70		1.460
小王庄镇	斗渠	排水小斗门	东树深村北	1992	排水闸	1										8.300		5.19	3.110
小王庄镇	支渠	节制闸	东树深村北	1992	节制闸	1										0.700	0.35		0.350
小王庄镇	支渠	节制闸	东树深村北	1992	节制闸	1										1.500	0.70		0.800
小王庄镇	支渠	进水闸	东树深村北	1992	进水闸	1										1.000	0.50		0.500
小王庄镇	支渠	进排闸	西树深村东	1992	进排水闸	1										14.500	5.11	2.89	6.500
小王庄镇	斗渠	进水小斗门	东树深村北	1992	进水闸											1.800	0.90		0.900
小王庄镇	排水渠	闸	十四米公路三号桥北	1996	分水闸	1	1.5	8					3.0	1	黄骅	2.970	1.74		1.230

乡镇	河（渠）别	水闸名称	坐落位置	完建年份	水闸类型	结构形式				技术指标/米			启闭机			投资/万元			
---	---	---	---	---	---	孔数	孔径/米	长度/米	宽度/米	底部高程	孔顶高程	胸墙高程	吨位	台数	产地	合计	国拨	区拨	自筹
小王庄镇	总用干	30斗节闸	沈清庄村总用干30斗拐弯处	1996	节制闸	1	1.5	8					3.0	1	黄骅	2.970	1.74		1.230
小王庄镇	丰收渠	闸	西树深弯河村南	1996	进水闸	1	0.8	4		3.0	3.8	5.4	0.5	4	黄骅	3.990	2.35		1.640
小王庄镇	富强河上	闸	小王庄村西南	1996	进水闸	1	0.8	2		3.5	4.3	5.4	0.5	1	黄骅	0.930	0.55		0.380
小王庄镇	富强河上	闸	小王庄村西南	1996	进水闸	1	1.2	4		3.5	4.7	5.4	0.5	2	黄骅	1.710	1.00		0.710
小王庄镇	富强河上	小王庄闸	小王庄村西	1996	进水闸	1	0.8	8		3.5	8.7	5.4	0.5	3		3.040	1.79		1.250
小王庄镇	富强河上	闸	小王庄村西	1996	进水闸	1	1.2	4		2.4	3.6	5.4	1.0	1	黄骅	2.090	1.23		0.860
小王庄镇	富强河上	进水闸	小王庄村西	1996	进水闸	1	1.2	4		3.5	4.7	5.4	0.5	3	黄骅	3.180	1.87		1.310
小王庄镇	富强河	闸	小王庄村西	1996	进水闸	1	0.8	2		3.9	4.7	5.3	0.5	3	黄骅	2.140	1.26		0.880

续表

乡镇	河（渠）别	水闸名称	坐落位置	完建年份	水闸类型	孔数	孔径/米	长度/米	宽度/米	底部高程	孔顶高程	胸墙高程	吨位	台数	产地	合计	匡拨	区拨	自筹
小王庄镇	总用干上	闸	总用干	1996	进水闸	1	0.8	4		2.8	3.6	5.4	0.5	4	黄骅	3.310	1.95		1.360
小王庄镇	总用干上	闸	总用干	1996	进水闸	1	0.8	8		2.8	3.6	5.4	0.5	6	黄骅	5.190	3.05	1.00	1.140
小王庄镇	总用干上	闸	总用干	1996	进水闸	1	0.8	6		2.8	3.6	5.4	0.5	3	黄骅	2.620	1.54		1.080
小王庄镇	总用干上	闸	总用干	1996	进水闸	1	1.0	8		2.8	3.8	5.4	0.5	3	黄骅	3.430	2.02		1.410
小王庄镇	总用干上	闸	总用干	1996	进水闸	1	0.8	6		2.8	3.6	5.4	0.5	6	黄骅	4.880	2.87		2.010
小王庄镇	丰收渠	节制闸	丰收渠引港入口	1996	节制闸	1	1.5	8		2.4	3.9	5.4	3.0	2	黄骅	5.900	3.49		2.410
小王庄镇	总用干	节制闸	总用干	1996	节制闸	2	1.5	8		2.4	3.9	5.4	3.0	2	黄骅	13.080	7.69		5.390
小王庄镇	总用干	进水闸	总用干16斗处西	1996	进水闸	2	1.5	8		2.4	3.9	5.4	3.0	2	黄骅	5.310	3.12		2.190

续表

乡镇	河（渠）别	水闸名称	坐落位置	完建年份	水闸类型	结构形式			技术指标/米			启闭机			投资/万元			
						孔数	孔径/米	长度宽度/米	底部高程	孔顶高程	胸墙高程	吨位	台数	产地	合计	国拨	区拨	自筹
小王庄镇	三进支	节制闸	南和顺村三进支西	1996	节制闸	1	1.0	14		1.2	2.0				1.400	1.03		0.370
小王庄镇	三进支	节制闸	南和顺村三进支东	1996	节制闸	1	1.0	10		1.2	2.0				1.110	0.81		0.300
小王庄镇	用支	闸	徐庄子村东向阳河东侧	1996	进水闸	1	0.8	2		1.0	2.0	1.0	3		2.500	1.83		0.670
小王庄镇	新建泵站用干	闸	陈寨庄村北新建泵站	1996	排水闸	1	1.5	6		1.8	2.5	3.0	1		2.790	2.05		0.740
小王庄镇	二排之	闸	陈寨庄村北二排之	1996	分水闸	1	1.0	8		1.3	2.5	1.0	1	黄骅	1.280	0.94		0.340
小王庄镇	二排之	闸	陈寨庄村北二排之	1996	分水闸	1	1.0	2		1.2	2.5	1.0	2	黄骅	2.110	1.54		0.570
小王庄镇	四排支	闸	南和顺村东北四排支	1996	节制闸	1	1.8	8		1.8	2.5	3.0	1	黄骅	4.260	3.12		1.140

续表

乡镇	河(渠)别	水闸名称	坐落位置	完建年份	水闸类型	结构形式				技术指标/米			启闭机			投资/万元			
						孔数	孔径/米	长度/米	宽度/米	底部高程	孔顶高程	胸墙高程	吨位	台数	产地	合计	国拨	区拨	自筹
小王庄镇	四排支	闸	南和顺村东北	1996	节制闸	1	1.5	6			1.8	2.5	3.0	1	黄骅	1.300	0.95		0.350
小王庄镇	用干	闸	南和顺村北	1996	节制闸	1	1.5	6			1.8	2.5	3.0	1	黄骅	5.580	4.09	1.00	0.490
小王庄镇	用干	灌水闸	北和顺村北泵站用干	1996	进水闸	1	1.0	6			1.2	2.5	1.0	2	黄骅	1.910	1.40		0.510
小王庄镇	用干	节制闸	张庄子村北	1996	节制闸	1	2.0	8			2.4	4.0	5.0	1	黄骅	9.140	6.70	2.00	0.440
小王庄镇	用支	闸	张庄子稻地	1996	进水闸	1	1.2	6			1.4	3.0	2.0	1		1.670	1.22		0.450
小王庄镇	老用干	闸	张庄子村老用干以北泵站	1996	进水闸	1	1.5	2			1.8	3.5	3.0	1	黄骅	3.720	2.73		0.990
小王庄镇	老用干	闸	小辛庄老用干	1996	进水闸	1	1.5	8			1.8	3.5	3.0	1	黄骅	4.260	3.12		1.140
小王庄镇	老用干	闸	小辛庄老用干西侧	1996	进水闸	1	1.2	6			1.4	3.5	2.0	2		5.700	4.18	1.00	0.520
小王庄镇	二分干	节制闸	小辛庄南	1996	节制闸	2	2.0	8			2.3	3.0	5.0	2		11.600	8.50	1.19	1.910

续表

乡镇	河（渠）别	水闸名称	坐落位置	完建年份	水闸类型	结构形式				技术指标/米			吨位	启闭机		投资/万元			
						孔数	孔径/米	长度/米	宽度/米	底部高程	孔顶高程	胸墙高程		台数	产地	合计	国拨	区拨	自筹
小王庄镇	排支	闸	张庄子老用干以北	1996	进水闸	1	1.0	6			1.2	2.5	2.0	2		2.420	1.77		0.650
小王庄镇	用斗	闸	张庄子老用干以北	1996	进水闸	1	1.0	6			1.2	2.5	1.0	1		1.210	0.89		0.320
小王庄镇	用支渠	闸	小苏庄人东北洼用支渠	1996	进水闸	1	1.0	6	1.0		1.2	2.5	1.0	1		1.210	0.89		0.320
小王庄镇	七号河	闸	小苏庄牛道埝地北头过河槽	1996	分水闸	1	1.0	18	1.0		1.3	2.5	1.0	1		1.660	1.22		0.440
小王庄镇	用支	闸	小苏庄村东去道支渠	1996	进水闸	1	1.2	10	1.2		1.4	2.5	2.0	1		2.110	1.55		0.560
小王庄镇	用水渠	闸	小辛庄去张庄子道	1996	进水闸	1	1.2	6			1.6	2.5	2.0	1		1.400	1.03		0.370
小王庄镇	老用干	闸	增一号老用干西	1996	进水闸	1	1.2	6			1.6	2.5	2.0	2		2.810	2.06		0.750

续表

乡镇	河（渠）别	水闸名称	坐落位置	完建年份	水闸类型	结构形式				技术指标/米			启闭机			投资/万元			
						孔数	孔径/米	长度/米	宽度/米	底部高程	孔顶高程	胸墙高程	吨位	台数	产地	合计	匡拨	区拨	自筹
小王庄镇	二分干	闸	小辛庄南桥	1996	进水闸	1	1.2	16			1.4	2.5	2.0	1		2.320	1.70		0.620
小王庄镇	1号河	灌水闸	刘岗庄村白家坟	1996	进水闸	1	80.0	4					1.0	1	黄骅	1.050	0.77		0.280
小王庄镇	白家坟灌渠	灌水闸	白家坟新增	1996	进水闸	1	0.8	6			1.0		1.0	1		1.100	0.81		0.290
小王庄镇	支渠	灌水闸	刘岗庄村东注1~6斗	1996	进水闸	1	0.8	4			1.0	2.5	1.0	11		12.860	9.43	1.00	2.430
小王庄镇	三排支西侧	闸	北和顺村村西三排支	1996	分水闸	1	1.0	6					1.0	1		1.210	0.89		0.320
小王庄镇	三排支西侧	闸	北和顺村村西三排支	1996	分水闸	1	1.0	2			1.2	2.5	1.0	2	黄骅	1.600	1.17		0.430
小王庄镇	二分支	节制闸	东抛庄村北菜田	1997	节制闸	1	1.2	4								3.700		1.80	1.900
小王庄镇	富强河	节制闸	小王庄村西富强河上	2005	节制闸	1	1.2×1.2									4.000	2.00		2.000
小王庄镇	富强河	节制闸	小王庄村西富强河上	2005	节制闸	1	1.5×1.5									6.000	3.00		3.000

续表

乡镇	河（渠）别	水闸名称	坐落位置	完建年份	水闸类型	结构形式				技术指标/米			启闭机			投资/万元			
						孔数	孔径/米	长度/米	宽度/米	底部高程	孔顶高程	胸墙高程	吨位	台数	产地	合计	国拨	区拨	自筹
小王庄镇	丰收渠	节制闸	西树深村南丰收渠上	2005	节制闸	2	1.5×1.5									10.000	5.00		5.000
小王庄镇	马厂减河	钱圈闸	钱圈村马厂减河	2007	节制闸	1	2×30									30.000	15.00		15.000
中塘镇	八米河	大安圈闸	大安村西南万安路	1996	节制闸	1	1.2	6								1.260	0.59	0.20	0.470
中塘镇	八米河	引河尾闸	八米河与中塘泵站交口处	1996	节制闸	1	3.0	6	3.0							7.600	3.58	0.67	3.260
中塘镇	十米河	进水闸	大安村十米河西岸	1996	进水闸	1	1.5	2								2.730	1.29	0.19	1.250
中塘镇	稻田支渠	田间闸	西正河村南稻田中	1996	进水闸	1	0.8	2								1.386	0.66		0.726
中塘镇	八米河	田间闸	西正河八米河北侧	1996	进水闸	1	0.8	2								0.693	0.33		0.363
中塘镇	八米河	田间闸	八米河北侧（西正河）	1996	分水闸	1	0.8	6								3.078	1.17	0.03	1.608

续表

乡镇	河（渠）别	水闸名称	坐落位置	完建年份	水闸类型	孔数	孔径/米	长度/米	宽度/米	底部高程	孔顶高程	胸墙高程	吨位	台数	产地	合计	国拨	区拨	自筹
							结构形式				技术指标/米			启闭机			投资/万元		
中塘镇	二排干	二支节制闸	常流庄村西	1996	节制闸	1		6.0	2.0							6.240	2.88		3.360
中塘镇	南台排河	田间闸	南台村南稻田	1996	排水闸	1	1.0	6.0								1.060	0.49		0.570
中塘镇	南台排河	田间闸	南台村南稻田	1996	排水闸	1	1.0	4.0								0.977	0.45		0.527
中塘镇	南台排河	田间闸	南台村南稻田	1996	排水闸	1	1.0	2.0								0.893	0.41		0.483
中塘镇	南台排河	田间闸	南台村南稻田	1996	节制闸	1	1.0	8.0								1.145	0.53		0.615
中塘镇	南台排河	田间闸	南台村南稻田	1996	分水闸	1	1.0	4.0								3.908	1.80		2.108
中塘镇	团泊排河	甜水井闸	甜水井老泵站处	1996	进水闸	1										7.240	3.34		3.900
中塘镇	五进支	田间闸	五进支上	1996	节制闸	1	1.6×1.4	4.6	1.4							3.990	1.84		2.150

续表

乡镇	河(渠)别	水闸名称	坐落位置	完建年份	水闸类型	结构形式				技术指标/米			启闭机			投资/万元			
						孔数	孔径/米	长度/米	宽度/米	底部高程	孔顶高程	胸墙高程	吨位	台数	产地	合计	国拨	区拨	自筹
中塘镇	西正河	排水闸	西正河砖厂	1998	排水闸		1.2	20.0								6.200	1.10		5.100
中塘镇	二排干	节制闸	北台村二排干上	2005	节制闸	2	2×2.5									10.000	5.00		5.000
太平镇	太沙明渠	节制闸涵	太平镇调水河子牙河套	1996	节制闸	2	2×2	8.0	14.0							13.450	5.60	3.00	4.850
太平镇	太沙明渠	节制闸涵	太平镇子牙河套南小埝	1996	节制闸	1	2.5×2	14.0	14.0							9.760	4.06	1.00	4.700
太平镇	太沙明渠	节制闸涵	大道口泵站处	1996	节制闸	1	2×2	14.0	7.0							6.110	2.55		3.560
太平镇	太沙明渠	节制闸涵	大道口东站	1996	节制闸	1	1.5×1.5	14.0	7.0							4.550	1.89		2.660
太平镇	太沙明渠	节制闸涵	大道口牛道沟站	1996	节制闸	1	1.5×1.5	14	7.0							4.550	1.89		2.660

乡镇	河（渠）别	水闸名称	坐落位置	完建年份	水闸类型	结构形式				技术指标/米			启闭机			投资/万元		
						孔数	孔径/米	长度/米	宽度/米	底部高程	孔顶高程	胸墙高程	吨位	台数	产地	合计	国拨	区拨	自筹
太平镇	太沙明渠	节制闸涵	太平村1号桥站	1996	节制闸	1	1.5×1.5	14	7.0							4.550	1.89		2.660
太平镇	太沙明渠	节制闸涵	太平村三斗站	1996	节制闸	1	2×2	14	7.0							7.240	3.02	1.00	3.220
太平镇	太沙明渠	节制闸涵	东升二桥处	1996	节制闸	1	2×2	14	7.0							6.600	2.75		3.850
太平镇	太沙明渠	节制闸涵	东升二站处	1996	节制闸	1	2×2	14	7.0							7.240	3.02		4.220
太平镇	太沙明渠	节制闸涵	六间房处	1996	节制闸	1	1.5×1.5	14	7.0							4.450	1.85		2.600
太平镇	太沙明渠	节制闸涵	六间房南小埝	1996	节制闸	1	2×2	14	7.0							7.240	3.02	1.00	3.220
太平镇	调水河	节制闸涵	调水河右堤、后河村东	1996	分水闸	1	1.5	6								3.730	1.55		2.180

续表

乡镇	河(渠)别	水闸名称	坐落位置	完建年份	水闸类型	结构形式				技术指标/米			启闭机			投资/万元			
						孔数	孔径/米	长度/米	宽度/米	底部高程	孔顶高程	胸墙高程	吨位	台数	产地	合计	国拨	区拨	自筹
太平镇	用支七	节制闸涵	大道口子牙河套内	1996	节制闸	1	1.2	8	6.0							1.420	0.59		0.830
太平镇	用支七	节制闸	大苏庄村北	1996	节制闸	1	1.2×1.5	4								1.200	0.50		0.700
太平镇	用支二	节制闸	邱庄子村北稻田	1996	节制闸	1	1.5×1.5	6								11.990	4.99	2.00	5.000
太平镇	用斗	分水闸	大苏庄村南	1996	分水闸	1	1.0	4	6.0							3.500	1.00	0.50	2.000
太平镇	用都	路闸	大苏庄村北	1996	分水闸	1	1.0	4	6.0							5.460	2.73		2.730
太平镇	用支	节制闸	大苏庄村北	1996	节制闸	1	1.0	6	6.0							2.670	1.11		1.560
太平镇	用斗	节制闸	大苏庄村南	1996	分水闸	1	1.2	4	8.0							1.290	0.53		0.760
太平镇	用支	节制闸	大苏庄村北	1996	节制闸	1	1.2	6	8.0							6.710	2.79	3.29	
太平镇	支渠	节制闸	大苏庄村北	1996	节制闸	1	1.5×1.5	3								2.000	0.83		1.170

续表

乡镇	河(渠)别	水闸名称	坐落位置	完建年份	水闸类型	结构形式				技术指标/米			启闭机			投资/万元			
						孔数	孔径/米	长度/米	宽度/米	底部高程	孔顶高程	胸墙高程	吨位	台数	产地	合计	国拨	区拨	自筹
太平镇	用支五	支渠首闸	大苏庄村北	1996	进水闸	1	1.5	6								8.150	3.40		4.750
太平镇	支渠	节制闸	大苏庄村北调水河	1996	分水闸	1	1.5×1.5	6								4.400	1.83		2.570
太平镇	用支	节制闸	六间房村南	1996	节制闸	1	0.8	4	5.5							0.700	0.29		0.410
太平镇	用支	节制闸	六间房村南子牙河套	1996	节制闸	1	0.8	6	5.5							0.470	0.20		0.270
太平镇	用支四	用支四闸	郭庄子村东	1996	分水闸	1	1.5×1.5	6								4.350	1.81		2.540
港西街	用支	节制闸	沙三村东果园	1996	节制闸	1	0.8	6	5.5	1	4	4.5				0.460	0.25		0.210
港西街	用支	节制闸	沙三村南	1996	节制闸	1	1.0	6	5.5	1	4	4.5				0.780	0.43		0.350
港西街	用支	节制闸	沙三村南	1996	节制闸	1	1.0	4	5.5	1	4	4.5				1.410	0.78		0.630
港西街	用支	节制闸	沙三村南	1996	节制闸	1	1.5	6	8.0	1	2	3.5				1.500	0.82		0.680

续表

乡镇	河（渠）别	水闸名称	坐落位置	完建年份	水闸类型	结构形式				技术指标/米			启闭机			投资/万元			
						孔数	孔径/米	长度/米	宽度/米	底部高程	孔顶高程	胸墙高程	吨位	台数	产地	合计	国拨	区拨	自筹
港西街	用支	节制闸	沙三用支二	1996	节制闸	1	1.2	6	6.0	1	4	4.5				1.170	0.64		0.530
港西街	用支	节制闸	沙三用支三北	1996	节制闸	1	1.2	6	7.0	1	2	3.5				0.910	0.50		0.410
港西街	排支	节制闸	红旗路北、沙三村	1996	节制闸	1	1.0	2	4.0	1	2	3.5				3.900	2.14		1.760
港西街	排支	节制闸	沙二、排支三	1996	节制闸	1	1.0	6	6.0	1	2	3.5				2.550	1.40	0.50	0.650
港西街	用支	节制闸	沙二用支三南	1996	节制闸	1	0.8	6	6.0	2	4.5	5				1.940	0.96		0.980
港西街	用支	节制闸	沙二用支三南	1996	节制闸	1	0.8	4	5.5	0.5	2	4				0.820	0.45		0.370
港西街	用支	节制闸	沙三村南麦田	1996	节制闸	1	1.0	4	6.0	2	4.5	5				0.700	0.38		0.320
港西街	用支一	节制闸	沙三村南、青静黄右堤	1996	节制闸	1	0.8	6	5.5	0.5	2	4				1.330	0.73		0.600
港西街	用支二	节制闸	远景三红旗路南	1996	节制闸	1	1.0	4	5.5	0.5	2	4				0.570	0.31		0.260

续表

乡镇	河(渠)别	水闸名称	坐落位置	完建年份	水闸类型	结构形式				技术指标/米			启闭机			投资/万元			
						孔数	孔径/米	长度/米	宽度/米	底部高程	孔顶高程	胸墙高程	吨位	台数	产地	合计	国拨	区拨	自筹
港西街	用支一	节制闸	远景三红旗路南	1996	节制闸	1	0.8	6	5.5	2	4.5	5				0.560	0.31		0.250
港西街	六排干左堤	节制闸	远景三红旗路南	1996	节制闸	1	1.8	6	8.0	2	4.5	5				5.300	2.90	1.00	1.400
港西街	中心干渠	节制闸	远景三子牙河套内	1996	节制闸	1	0.8×1	6		2	4.5	5				0.400	0.32		0.080
港西街	用支一	节制闸	沙三村南	1996	节制闸	1	1.0	6	6.0	2	4.5	5				0.950	0.52		0.430
港西街	子牙新河	节制闸	远景三太沙干渠	1996	节制闸	1	1.5×1.5	7	1.5	2	4.5	5				4.950	2.72	1.00	1.230
港西街	子牙新河	远景一闸	远景一太沙干渠	1996	节制闸	1	1.5×1.5	7	1.5	2	4.5	5				4.950	2.72	1.00	1.230
港西街	子牙新河	联盟闸	联盟太沙干渠	1996	节制闸	1	1.5×1.5	7	1.5	2	4.5	5				4.000	2.20	1.00	0.800
港西街		远景一稻田闸	远景一红旗路南稻田	1996	节制闸	1	1.0	4	3.0	2	4.5	5				0.880	0.48		0.400

第三节　机井及农业节水建设

一、机井建设

大港地区境内河道历史上均为行洪河道。上游来水季节性较强，水量不稳，丰水期和枯水期差别较大。而且，因海水倒灌等原因，水质较差，并且没有外调水源，群众的生活用水一直得不到保障，只能饮用苦咸水度日。1963 年春，为解决群众饮水问题，大港地区第一眼机井由上海钻井队在刘岗庄打成。

虽然大港区对地下水资源采取限制开采的措施，但由于没有稳定的水源，为了保证农民的饮水和抗旱，所以采取打深机井开采地下水，这也成为一直抗旱的主要措施。

大港区 1963—1990 年年底有深井 623 眼，其中驻区企业 337 眼、区属企事业单位 24 眼、农用机井 263 眼，农用井配套完好率 95.4%，其中生产井 159 眼、生活井 104 眼，有效浇灌面积 1244.33 公顷（表 4-3-21）。截至 2001 年年底，大港区共有机井 342 眼，其中生产井 205 眼、生活井 107 眼、工业井 30 眼，配套完好率达 87%，截至 2009 年年底，大港区共有机井 403 眼（不含驻区企业），其中生产井 229 眼、生活井 137 眼、工业井 37 眼。

1990—2009 年大港区机井统计和大港区打井修井情况见表 4-3-22 和表 4-3-23。

二、农业节水建设

大港区水资源匮乏、土地贫瘠、产出效益低，因此，许多农民都不愿意在土地上下工夫，一直沿袭着传统的种植模式，大水漫灌造成了水资源的大量浪费。为降低农业生产成本，推进种植结构的调整，提高水资源利用效率和土地的产出效益，实现"服务农村，富裕农民"的目标，大港区政府动员各乡镇大力发展节水农业设施建设，改变落后的农业灌溉生产模式。

防渗渠道建设是大港区在发展节水农业建设采用的主要措施。经实际测算，使用防渗渠道灌溉技术，可使水资源利用率提高 41%。1991—2009 年大港区共修建防渗渠道 1796.4 千米，其中明渠 121.3 千米、暗渠 1675.1 千米。总投资 2173.1 万元，其中国家拨款 725.5 万元、区补 94.75 万元、乡镇自筹 1296.8 万元。新增节水控制面积 5713.87 公顷。

大港区防渗渠道修建情况见表 4-3-24。

表 4-3-21　　　　　　　　　　**1990 年年底机井及浇灌情况表**

项目 乡镇	深井数/眼	其中农用井/眼	实灌面积/公顷
太平村镇	78	44	281.00
赵连庄乡	49	26	273.33
徐庄子乡	50	38	410.00
中塘乡	32	14	160.00
小王庄镇	22	14	—
沙井子乡	18	12	120.00
上古林乡	14	11	—
合计	263	159	1244.33

表 4-3-22　　　　　　　　　　**1990—2009 年大港区机井统计表**　　　　　　单位：眼

年份	生产井	生活井（农用井）	工业井	总计
1990	159	104		263
1991	161	106		267
1992	165	107		272
1993	169	107		276
1994	170	114		284
1995	170	119		289

年份	生产井	生活井（农用井）	工业井	总计
1996	182	121		303
1997	179	130		309
1998	195	137		332
1999	201	135		336
2000	223	116		339
2001	205	107	30	342
2002	211	107	43	361
2003	216	129	49	394
2004	227	134	46	407
2005	232	139	36	407
2006	234	139	38	411
2007	238	139	38	415
2008	227	131	36	394
2009	229	137	37	403

表 4 - 3 - 23　　　　　**1991—2009 年大港区打井修井情况表**　　　单位：眼

年份	打井数	属性	修井数
1991	4	生产井 2、生活井 2	20
1992	8	生产井 7、生活井 1	23
1993	8	农业生产井 8	35
1994	13	工业井 3、生产井 10	20
1995	14	农业生产用机井 14	10
1996	4	生产井 4	11
1997	4	生产井 4	12
1998	3	生产井 3	26
1999	4	生产井 4	41
2000	3	生产井 3	39
2001	24	饮水井 5、灌溉井 19	48
2002	19	饮水井 6、企业用井 13	47
2003	39	饮水井 22、企业用井 6、生产井 11	25
2004	13	饮水井 5、企业用井 2、养殖生产用井 6	37
2005	7	农用井 7	21
2006	12	灌溉用井 12	3
2007	4	灌溉用井 4	3
2008	4	农用井 4	2
2009	2	灌溉用井 2	73

表 4−3−24

大港区防渗渠道修建情况表

乡镇	村	坐落位置	修建年份	防渗渠道/千米	明渠/千米	暗渠/千米	连接机井/眼	节水控制面积/公顷	断面形式	主要材料	投资/万元 合计	国补	区补	自筹
古林街	马二	村南南园	1994	0.500		0.50	1	20.00		聚乙烯管	0.75		0.30	0.45
古林街	工农村	公路西	1995	1.000		1.00	1			聚乙烯管	1.80	0.60		1.20
古林街	上古林	村西	1995	0.500		0.50	1			聚乙烯管	0.90	0.30		0.60
古林街	工农村	工农村新井	1997	4.680		4.68	1			聚乙烯管	7.50		2.15	5.35
古林街	建国村	建国村新井	1997	3.000		3.00	1			聚乙烯管	4.80		0.80	4.00
古林街	马棚口村		2009	5.000		5.00	1	33.33			32.00	16.00		16.00
港西街	远景三		1991	2.000		2.00	1	13.33		聚乙烯管	2.80		1.20	1.60
港西街	远景三	菜田	1994	0.500		0.50	1	6.00		聚乙烯管	0.75		0.30	0.45
港西街	沙三		1994	2.000		2.00	1	33.33		聚乙烯管	3.00			3.00
港西街	沙一	果园	1994	2.000		2.00	1			聚乙烯管	3.00			3.00
港西街	远景一	村东		0.800	0.800		1	20.00		聚乙烯管	3.20	1.04		2.16
港西街	沙三村	沙三村新打机井	1997	4.000		4.00	2			聚乙烯管	6.40			6.40
港西街	联盟村	联盟村新打机井	1997	2.000		2.00	1			聚乙烯管	3.20			3.20
港西街	沙三村	沙三村南	1999	1.000	1.000			100.00	梯形	混凝土	34.32		10.00	24.33
港西街	沙三村	沙三村西	2000	11.600	11.600		2	80.00	梯形	混凝土	42.99	10.00		32.99

续表

乡镇	村	坐落位置	修建年份	防渗渠道/千米	明渠/千米	暗渠/千米	连接机井/眼	节水控制面积/公顷	断面形式	主要材料	投资/万元 合计	国补	区补	自筹
港西街	沙二村	沙井子二村	2006	15.000		15.00	3	80.00		聚乙烯管	52.00	26.00		26.00
港西街	沙井子三村		2009	4.000		4.00	1	20.00			36.00	18.00		18.00
港西街	沙井子一村		2009	14.000		14.00	1	80.00			64.00	32.00		32.00
中塘镇	潮宗桥		1991	1.000		1.00	1	6.67		聚乙烯管	1.20		0.60	0.60
中塘镇	中塘村		1991	1.000		1.00	2	6.67		聚乙烯管	1.20		0.60	0.60
中塘镇	西正合		1992	2.000		2.00	1	26.67		聚乙烯管	2.00		1.00	1.00
中塘镇	万家码头		1992	0.500		0.50	1	6.67		聚乙烯管	0.50	0.25		0.25
中塘镇	中塘村		1992	2.000		2.00	1	9.80		聚乙烯管	3.00	1.00		2.00
中塘镇	马圈		1992	1.000		1.00	1	6.67		聚乙烯管	1.00	0.50		0.50
中塘镇	新房子		1992	1.500		1.50	1	6.67		聚乙烯管	1.50	0.75		0.75
中塘镇	常流庄	三支	1993	2.100		2.10	1			聚乙烯管	2.10		1.05	1.05
中塘镇	杨柳庄	三支五斗	1993	3.000		3.00	3			聚乙烯管	2.80		1.40	1.40
中塘镇	大安		1994	2.000		2.00	1			聚乙烯管	3.00			3.00
中塘镇	薛卫台	村南菜地	1994	3.000		3.00	1			聚乙烯管	4.50			4.50
中塘镇	中塘村	村西	1994	2.000		2.00	1			聚乙烯管	3.00			3.00

续表

乡镇	村	坐落位置	修建年份	防渗渠道/千米	明渠/千米	暗渠/千米	连接机井/眼	节水控制面积/公顷	断面形式	主要材料	投资/万元 合计	国补	区补	自筹
中塘镇	常流庄	村西菜田	1994	2.000		2.00	1	40.00		聚乙烯管	3.00		1.20	1.80
中塘镇	新房子	村东北	1994	2.500		2.50	2	60.00		聚乙烯管	3.75		0.30	3.45
中塘镇	南台	村南果园	1994	1.000		1.00	1	20.00		聚乙烯管	1.50		0.60	0.90
中塘镇	东河筒		1994	2.000		2.00	1			聚乙烯管	3.00			3.00
中塘镇	西闸		1994	0.500		0.50	1	4.00		聚乙烯管	0.75		0.30	0.45
中塘镇	赵连庄		1994	1.000		1.00	1	33.33		聚乙烯管	1.50		0.60	0.90
中塘镇	甜水井	村东北	1994	1.000		1.00	1	8.67		聚乙烯管	1.50		0.60	0.90
中塘镇	试验场		1994	0.500		0.50	1			聚乙烯管	0.75		0.30	0.45
中塘镇	东树深	村北	1994	3.000	1.000	2.00	1			聚乙烯管	6.00	1.00	0.25	4.75
中塘镇	钱圈村	村南	1994	1.000		1.00	1	11.33		聚乙烯管	3.00		1.25	1.75
中塘镇	西河筒	村西南	1995	0.500		0.50	1			聚乙烯管	0.90	0.30		0.60
中塘镇	马圈	村南	1995	2.000		2.00	1	13.33		聚乙烯管	3.60			3.60
中塘镇	杨柳庄	村东	1995	2.500		2.50	1	13.33		聚乙烯管	4.50	0.40		4.10
中塘镇	南台	村东南	1995	2.000		2.00	1	20.00		聚乙烯管	3.60			3.60
中塘镇	黄房子	村南菜田	1995	5.000		5.00	1	11.20		聚乙烯管	9.00	4.00		5.00

续表

乡镇	村	坐落位置	修建年份	防渗渠道/千米	明渠/千米	暗渠/千米	连接机井/眼	节水控制面积/公顷	断面形式	主要材料	投资/万元			
											合计	国补	区补	自筹
中塘镇	薛卫台	村南	1995	5.000		5.00	1	9.07		聚乙烯管	9.00	4.00		5.00
中塘镇	西正河	村北	1995	4.700		4.70	2	23.33		聚乙烯管	8.46	1.62		6.84
中塘镇	中塘村	村西	1995	2.000		2.00	1	20.00		聚乙烯管	3.60			3.60
中塘镇	赵连庄村	赵连庄村新打机井	1997	2.000		2.00	1			聚乙烯管	3.20			3.20
中塘镇	小国庄村	小国庄村新打机井	1997	2.000		2.00	1			聚乙烯管	3.20			3.20
中塘镇	常流庄村	常流庄新打机井	1997	3.100		3.10	1			聚乙烯管	4.96		0.88	4.08
中塘镇	北台村	北台村新井	1997	2.000		2.00	1			聚乙烯管	3.20			3.20
中塘镇	东河筒村	东河筒村新井老井	1997	4.000		4.00	2			聚乙烯管	6.40		1.60	4.80
中塘镇	十九顷村	十九顷新井	1997	7.000		7.00	1			聚乙烯管	11.20	2.00	2.00	7.20
中塘镇	西正河村	西正河村南菜地新井	1997	7.300		7.30	1			聚乙烯管	11.68	1.95	2.29	7.44
中塘镇	张港子村	张港子村新井	1997	3.000		3.00	1			聚乙烯管	4.80		0.80	4.00
中塘镇	黄房子村	黄房子村南菜地老井	1997	3.000		3.00	1			聚乙烯管	4.80		2.40	2.40

乡镇	村	坐落位置	修建年份	防渗渠道/千米	明渠/千米	暗渠/千米	连接机井/眼	节水控制面积/公顷	断面形式	主要材料	投资/万元			
											合计	国补	区补	自筹
中塘镇	中塘村	西小庄菜地老井	1997	2.500		2.50	1			聚乙烯管	4.00		2.00	2.00
中塘镇	万家码头村	万家码头南菜田老井	1997	6.200		6.20	1			聚乙烯管	9.92	2.00	2.96	4.96
中塘镇	薛卫台村	薛卫台老井	1997	1.000		1.00	1			聚乙烯管	1.60		0.80	0.80
中塘镇	四甜干干渠	万安路 十九顷 西正河 张港子	1999	2.960	2.960			333.33	U 形	混凝土	164.00	40.10		123.90
中塘镇	四甜干支渠	万安路 十九顷 西正河 张港子	1999	5.884	5.884				梯形	混凝土	17.01		4.24	12.77
中塘镇	二排干干渠	鹏翎路 中塘 薛卫台 黄房子	1999	2.404	2.404			333.33	梯形	混凝土	113.18	27.71		85.47
中塘镇	二排干支渠		1999	5.505	5.505			333.33	梯形	混凝土	48.64	11.95		36.69
中塘镇	中塘村	中塘村	2000	3.000		3.00	1	33.33		聚乙烯管	7.50		3.60	3.90
中塘镇	甜水井村	马厂减河北侧 洋闸北侧	2000	2.000		2.00	1	28.67		聚乙烯管	5.00		2.40	2.60
中塘镇	新房子村	新房子村北侧	2000	0.800		0.80	1	6.67		聚乙烯管	1.20			1.20
中塘镇	马圈村	马圈村东南	2000	3.200		3.20	1	60.07		聚乙烯管	4.80			4.80
中塘镇	杨柳庄村	杨柳庄村东	2000	2.800		2.80	1	33.33		聚乙烯管	4.20	2.50		1.70

续表

乡镇	村	坐落位置	修建年份	防渗渠道/千米	明渠/千米	暗渠/千米	连接机井/眼	节水控制面积/公顷	断面形式	主要材料	投资/万元			
											合计	国补	区补	自筹
中塘镇	常流庄村	常流庄村西	2000	1.000		1.00	1	13.33		聚乙烯管	1.50	0.50		1.00
中塘镇	刘塘庄村	刘塘庄村北	2001	10.100		10.10	1	100.00		聚乙烯管	20.00	6.00		14.00
中塘镇	杨柳庄村	杨柳庄村西	2001	10.200		10.20	2	100.00		聚乙烯管	20.00	6.00		14.00
中塘镇	刘塘庄村	村东五支九斗八斗五斗	2002	18.000		18.00	3	200.00		聚乙烯管	63.00	22.00		41.00
中塘镇	甜水井村	甜水井村北	2002	4.500		4.50	1	33.33		聚乙烯管	9.00	2.00		7.00
中塘镇	刘塘庄村	村东二斗三斗四斗	2003	27.050		27.05	2	153.33		聚乙烯管	41.00	20.00		21.00
中塘镇	中塘村	中塘村村西果园	2003	4.200		4.20	1	53.33		聚乙烯管	6.30	2.00		4.30
中塘镇	张港子村	农林局组培苗圃	2003	2.800		2.80	1	13.33		聚乙烯管	4.00	2.00		2.00
中塘镇		节水灌溉示范项目	2003	43.500		43.50	9(蓄水池)	310.80		聚乙烯管	64.28	21.43		42.85
中塘镇	东西河筒		2004	28.400		28.40	2	153.33		聚乙烯管	58.60	29.00		29.60
中塘镇	潮宗桥村		2004	4.000		4.00	3	33.33		聚乙烯管	12.10	5.50		6.60
中塘镇	中塘村	中塘村及苗圃	2004	2.600		2.60	2	46.67		聚乙烯管	11.70	8.50		3.20
中塘镇	中塘村		2005	4.000		4.00	1	33.33		聚乙烯管	10.20	5.00		5.20

续表

乡镇	村	坐落位置	修建年份	防渗渠道/千米	明渠/千米	暗渠/千米	连接机井/眼	节水控制面积/公顷	断面形式	主要材料	投资/万元			
											合计	国补	区补	自筹
中塘镇	潮宗桥村		2005	8.800		8.80	2	80.00		聚乙烯管	26.50	13.00		13.50
中塘镇	东河筒村		2006	5.000		5.00	1	26.67		聚乙烯管	18.00	9.00		9.00
中塘镇	常流庄村		2006	13.000		13.00	4	80.00		聚乙烯管	32.00	16.00		16.00
中塘镇	杨柳庄村		2006	10.000		10.00	2	60.00		聚乙烯管	30.00	15.00		15.00
中塘镇	新房子村		2006	5.000		5.00	1	26.67		聚乙烯管	18.00	9.00		9.00
中塘镇	刘塘庄		2008	10.000		10.00	1	66.67			40.00	20.00		20.00
中塘镇	马圈村		2008	15.000		15.00	1	93.33			56.00	28.00		28.00
中塘镇	甜水井		2008	6.000		6.00	1	33.33			24.00	12.00		12.00
中塘镇	潮宗桥村		2008					20.00						
中塘镇	西河筒村		2008					20.00						
中塘镇	西闸		2008					36.00						
中塘镇	新房子村		2010	16.000		16.00	1	73.33		聚乙烯管	64.00		32.00	32.00
小王庄镇	刘岗庄		1991	0.500		0.50	1	3.33		聚乙烯管	0.600		0.30	0.30
小王庄镇	李官庄		1991	0.500		0.50	1	3.33		聚乙烯管	0.60		0.30	0.30
小王庄镇	陈寨庄		1991	3.000		3.00	1	20.00		聚乙烯管	4.00		3.00	1.00

续表

乡镇	村	坐落位置	修建年份	防渗渠道/千米	明渠/千米	暗渠/千米	连接机井/眼	节水控制面积/公顷	断面形式	主要材料	投资/万元			
											合计	国补	区补	自筹
小王庄镇	小辛庄		1992	0.500		0.50	1	6.67		聚乙烯管	1.50	0.75		0.75
小王庄镇	小辛庄		1992	0.500		0.50		6.67		聚乙烯管	0.50	0.25		0.25
小王庄镇	沈清庄		1992	2.000	2.000			46.67		聚乙烯管	6.00		3.00	3.00
小王庄镇	北抛	村北	1994	4.100		4.10	3	48.00		聚乙烯管	6.15		1.26	4.89
小王庄镇	李官庄	村南	1994	1.200		1.20	2	52.67		聚乙烯管	2.85		1.18	1.68
小王庄镇	小苏庄	村北果园	1994	1.500		1.50	1	6.00		聚乙烯管	2.25		0.90	1.35
小王庄镇	徐庄子	村南	1994	1.000		1.00	1	20.00		聚乙烯管	1.50		0.60	0.90
小王庄镇	张庄子	村东	1994	0.700		0.70	1	3.33		聚乙烯管	1.05		0.42	0.63
小王庄镇	东抛	村东	1994	2.500		2.50	2	18.67		聚乙烯管	3.75		0.30	3.45
小王庄镇	刘岗庄	村东	1994	2.000		2.00	1	36.27		聚乙烯管	3.00			3.00
小王庄镇	刘岗庄		1995	1.000		1.00	1	40.00		聚乙烯管	1.80	0.41	0.19	1.20
小王庄镇	李官庄		1995	1.000		1.00	1	20.00		聚乙烯管	1.80		0.60	1.20
小王庄镇	南和顺		1995	2.000		2.00	1	30.00		聚乙烯管	4.00		1.20	2.80
小王庄镇	西树深	村西	1995	3.100	2.600	0.50	1	16.67		聚乙烯管	8.87	2.48		6.39
小王庄镇	沈清庄	村东	1995	2.000	2.000		1	10.00		聚乙烯管	10.83	1.30	4.50	5.03

续表

乡镇	村	坐落位置	修建年份	防渗渠道/千米	明渠/千米	暗渠/千米	连接机井/眼	节水控制面积/公顷	断面形式	主要材料	投资/万元 合计	国补	区补	自筹
小王庄镇	东树深	村东	1995	4.850	4.000	0.85	1	16.67		聚乙烯管	14.46	4.58		9.88
小王庄镇	北抛	村西	1995	3.500		3.50	2	13.33		聚乙烯管	6.30	1.20		5.10
小王庄镇	南抛	村北	1995	1.000		1.00	1	3.33		聚乙烯管	1.80	0.60		1.20
小王庄镇	北抛庄村	北抛庄新井	1997	4.000		4.00	1			聚乙烯管	6.40	1.00	0.60	4.80
小王庄镇	徐庄子村	徐庄子新井老井	1997	4.000		4.00	2			聚乙烯管	6.40		1.60	4.80
小王庄镇	陈寨庄村	陈寨庄新井	1997	5.000		5.00	1			聚乙烯管	8.00		2.40	5.60
小王庄镇	南和顺村	南和顺老井	1997	4.000		4.00	1			聚乙烯管	6.40		3.20	3.20
小王庄镇	东抛庄村	东抛庄村老井	1997	2.000		2.00	1			聚乙烯管	3.20		1.60	1.60
小王庄镇	李官庄村	李官庄新井老井	1997	4.000		4.00	2			聚乙烯管	6.40		1.60	4.80
小王庄镇	小王庄村	小王庄村东南800亩菜田新井	1997	7.000	7.000		1		U形	混凝土	20.20	2.00	7.00	11.20
小王庄镇	沈清庄村	沈清庄村东菜田老井	1997	2.000	2.000		1		U形	混凝土	6.00		3.00	3.00
小王庄镇	东树深村	东树深村北	1998	3.400	3.400		1	173.33	梯形	混凝土	35.74	18.00		17.74
小王庄镇	渡口村	渡口村东	2000	1.000		1.00	1	33.33		聚乙烯管	2.50		1.20	1.30

续表

乡镇	村	坐落位置	修建年份	防渗渠道/千米	明渠/千米	暗渠/千米	连接机井/眼	节水控制面积/公顷	断面形式	主要材料	投资/万元			
											合计	国补	区补	自筹
小王庄镇	沈清庄村	沈清庄村东	2000	2.000	2.000		1	53.33	梯形	混凝土	5.60	2.00	3.00	0.60
小王庄镇	东树深村		2000	2.500	2.500		2	66.67	梯形	混凝土	29.25	2.00	3.00	24.25
小王庄镇	徐庄子村	徐庄子村东	2000	1.700		1.70	1	25.51		聚乙烯管	2.55			2.55
小王庄镇	南抛庄村	南抛庄村西	2000	1.150		1.15	1	19.07		聚乙烯管	2.88		1.38	1.50
小王庄镇	北抛庄村	北抛庄村北	2000	2.080		2.08	2	44.00		聚乙烯管	3.12			3.12
小王庄镇	李官庄村	李官庄村东	2000	7.400		7.40	3	66.67		聚乙烯管	18.50		18.50	
小王庄镇	小苏庄村	小苏庄村北侧	2000	1.800		1.80	1	10.00		聚乙烯管	4.50		2.16	2.34
小王庄镇	小辛庄村	小辛庄村西侧	2000	2.300		2.30	1	24.73		聚乙烯管	3.69			3.69
小王庄镇	刘岗庄村	刘岗庄村东村北	2000	1.500		1.50	1	13.33		聚乙烯管	2.25			2.25
小王庄镇	北抛庄村	北抛庄村西北	2001	30.000		30.00	3	333.33		聚乙烯管	89.00	18.00		71.00
小王庄镇	陈寨庄村	陈寨庄村北枣树地	2002	6.800		6.80	1	80.00		聚乙烯管	16.00	8.00		8.00
小王庄镇	陈寨庄村	陈寨庄村北枣树地	2003	7.000		7.00	1	40.00		聚乙烯管	10.00	6.00		4.00
小王庄镇	东抛庄村		2004	14.500		14.50	1	46.67		聚乙烯管	26.90	13.00		13.90

续表

乡镇	村	坐落位置	修建年份	防渗渠道/千米	明渠/千米	暗渠/千米	连接机井/眼	节水控制面积/公顷	断面形式	主要材料	投资/万元 合计	投资/万元 国补	投资/万元 区补	投资/万元 自筹
小王庄镇	小辛庄村		2004	12.200		12.20	1	40.00		聚乙烯管	22.70	11.00		11.70
小王庄镇	南和顺村		2006	14.000		14.00	1	66.67		聚乙烯管	42.00	21.00		21.00
小王庄镇	东抛庄村		2006	10.000		10.00	1	66.67		聚乙烯管	30.00	15.00		15.00
小王庄镇		陈寨庄、王房子、小辛庄	2006	8.000				56.67			18.00	9.00		9.00
小王庄镇	南抛庄		2008	6.000		6.00	1	33.33			28.00	14.00		14.00
小王庄镇	李官庄村		2008	10.000		10.00	1	66.67			44.00	22.00		22.00
小王庄镇	北河顺村		2008	4.000		4.00	1	20.00			20.00	10.00		10.00
小王庄镇	徐庄子村		2008	5.000		5.00	1	26.67			24.00	12.00		12.00
小王庄镇	沈清庄村		2009	12.000		12.00	1	66.67			56.00	28.00		28.00
小王庄镇	东抛庄村		2009	12.000		12.00	1	66.67			56.00	28.00		28.00
小王庄镇	北抛庄村		2009	6.000		6.00	1	33.33			32.00	16.00		16.00
太平镇	前河		1991	1.000		1.00	1	6.67		聚乙烯管	1.20		0.60	0.60
太平镇	邱庄子		1992	0.500		0.50	1	3.33		聚乙烯管	0.50	0.25		0.25
太平镇	大村		1992	1.000		1.00	1	6.67		聚乙烯管	1.00	0.50		0.50

续表

乡镇	村	坐落位置	修建年份	防渗渠道/千米	明渠/千米	暗渠/千米	连接机井/眼	节水控制面积/公顷	断面形式	主要材料	投资/万元			
											合计	国补	区补	自筹
太平镇	崔庄		1992	1.500		1.50	1	13.33		聚乙烯管	1.50	0.75		0.75
太平镇	太平村		1992	2.500		2.50	1	26.67		聚乙烯管	4.94	2.00		2.94
太平镇	太平村	村北	1994	1.000		1.00	1	42.67		聚乙烯管	1.50		0.60	0.90
太平镇	大道口	村东	1994	3.000		3.00	2	10.67		聚乙烯管	4.50		0.60	3.90
太平镇	苏家园	村南	1994	0.500		0.50	1			聚乙烯管	0.75		0.30	0.45
太平镇	刘庄	村南	1994	1.800		1.80	1	9.33		聚乙烯管	2.70		1.08	1.62
太平镇	郭庄子	村东北	1994	2.000		2.00	1			聚乙烯管	3.00			3.00
太平镇	远景二		1994	4.000		4.00	2	45.33		聚乙烯管	6.00		1.20	4.80
太平镇	六间房	村西	1994	1.000		1.00	1	20.00		聚乙烯管	1.50		0.60	0.90
太平镇	大道口	村东	1995	1.000		1.00	1	33.33		聚乙烯管	1.80		0.60	1.20
太平镇	邱庄子	村东	1995	1.000		1.00	1	26.67		聚乙烯管	1.80		0.60	1.20
太平镇	大苏庄	村北	1995	1.000		1.00	1	40.00		聚乙烯管	1.80	0.41	0.19	1.20
太平镇	郭庄子	村北	1995	2.000		2.00	1			聚乙烯管	3.60			3.60
太平镇	大道口	村东北	1995	1.000		1.00	1	14.00		聚乙烯管	1.80	0.80		1.00
太平镇	苏家园	村西		1.000		1.00	1	3.33		聚乙烯管	1.80	0.60		1.20

续表

乡镇	村	坐落位置	修建年份	防渗渠道/千米	明渠/千米	暗渠/千米	连接机井/眼	节水控制面积/公顷	断面形式	主要材料	投资/万元			
											合计	国补	区补	自筹
太平镇	大村		1995	0.500		0.50	1	3.33		聚乙烯管	0.90	0.30		0.60
太平镇	东升二	子牙河南	1995	0.400		0.40	1	1.73		聚乙烯管	0.72	0.24		0.48
太平镇	刘庄	村南	1995	0.400		0.40	1	3.33		聚乙烯管	0.72	0.24		0.48
太平镇	远景二	村西	1995	1.000		1.00	1	4.00		聚乙烯管	1.80	0.60		1.20
太平镇	后河	村西	1995	0.300		0.30	1	3.33		聚乙烯管	0.54	0.18		0.36
太平镇	友爱	村东	1995	2.000		2.00	1	20.00		聚乙烯管	3.60			3.60
太平镇	红星	村东	1995	0.200		0.20	1	3.33		聚乙烯管	0.36	0.12		0.24
太平镇	翟庄子	村南	1995	2.000		2.00	1	13.33		聚乙烯管	3.60			3.60
太平镇	大苏庄	村北	1995	0.500		0.50	1	3.33		聚乙烯管	0.90	0.30		0.60
太平镇	六间房村	六间房新井	1997	5.500		5.50	1			聚乙烯管	8.80		2.80	6.00
太平镇	苏家园村	苏家园村新井	1997	3.000		3.00	1			聚乙烯管	4.80		0.80	4.00
太平镇	大道口村	大道口老井	1997	2.000		2.00	1			聚乙烯管	3.20		1.60	1.60
太平镇	刘庄村	刘庄新井	1997	3.800		3.80	1			聚乙烯管	6.08		1.44	4.64
太平镇	郭庄子村	郭庄子村新井	1997	4.000		4.00	1			聚乙烯管	3.20			3.20
太平镇	大村	大村老井	1997	3.000		3.00	1			聚乙烯管	4.80		2.40	2.40

续表

乡镇	村	坐落位置	修建年份	防渗渠道/千米	明渠/千米	暗渠/千米	连接机井/眼	节水控制面积/公顷	断面形式	主要材料	投资/万元			
											合计	国补	区补	自筹
太平镇	崔庄村	崔庄老井	1997	2.000		2.00	1			聚乙烯管	6.00		3.00	3.00
太平镇	前河村	前河村老井	1997	0.800		0.80	1			聚乙烯管	1.28		0.64	0.64
太平镇	太平村	太平村村北老井	1997	1.000		1.00	1			聚乙烯管	1.60		0.80	0.80
太平镇	前河村	前河村南	1999	2.008	2.008			133.33	梯形	混凝土	86.73	21.00		65.73
太平镇	前河村	前河村南	2000	1.450		1.45	1	16.80		聚乙烯管	2.18			2.18
太平镇	崔庄村	崔庄村东村西村南	2000	6.000		6.00	3	66.67		聚乙烯管	15.00		5.00	10.00
太平镇	大苏庄村	大苏庄村北	2000	7.500		7.50	2	80.00		聚乙烯管	12.85			12.85
太平镇	苏家园村	苏园村东南	2000	2.310		2.31	1	53.33		聚乙烯管	3.47			3.47
太平镇	苏家园村	苏家园东侧	2003	1.500		1.50	1	6.67		聚乙烯管	2.00			2.00
太平镇	大道口村		2005	12.300		12.30	1	100.00		聚乙烯管	34.00	17.00		17.00
太平镇	友爱村		2006	24.000		24.00	2	133.33		聚乙烯管	84.00	42.00		42.00
太平镇	东升二村		2006	12.000		12.00	1	53.33		聚乙烯管	38.00	19.00		19.00
太平镇		前河村	2006	8.000		8.00		40.00			15.00	7.50		7.50
太平镇	大苏庄村		2009	18.000		18.00	1	100.00			80.00	40.00		40.00

第四节　农民用水者协会

一、协会组建及职责

2006 年，大港区水务局按照天津市水利局关于组建农民用水者协会的统一要求，深入乡村开展调研工作，并就筹建农民用水者协会进行宣传，当年大港区港西街、中塘镇、小王庄镇、太平镇开始着手建立农民用水者协会。协会旨在确保农村饮水安全，加强水资源管理，优化水资源配置，促进节约用水。截至 2009 年，大港区共有农民用水者协会 11 个，涉及 4 个镇街。2011 年组建的港西街沙井子三村用水者协会，协会成员 260 人，管理耕地面积 200 公顷，管理水利工程设施泵点 2 座、机井 2 眼、闸涵 14 座。

每个协会设会长 1 名，副会长 1 名。由正、副会长及若干名会员代表组成协会理事会，负责处理日常事务。协会的最高权力机构是会员大会。协会会员大会每年召开一次，必要时可临时召开，主要任务为审议协会的工作报告；讨论协会的工作计划和任务；公布协会账务收支情况；决定协会其他重大事项。会长、副会长任期三年，亦可连选连任。协会实行民主理财，定期向会员公布财务收支情况并张榜公示，自觉接受会员的民主监督。协会经费主要来源于水电费的征收及村委会补贴。

协会全面负责辖区内的生活用水和灌溉、排水工程的运行、管理和调度，负责向用水户按上级主管部门核定的水价收取水费，为用水户提供生活用水和灌排水有关的技术和服务。对村民的生产、生活用水实行民主管理，确保用户生活用上洁净卫生的自来水、耕地得到及时灌溉排水，同时代表用水户向政府有关部门反映问题和建议，保护用水户的合法权益。

二、协会运行管理

自农民用水者协会组建以来，不断实践与探索，通过规范运作，充分发挥民主管理的职能，用水户以主人翁身份参与管理，民主决策，民主监督，按制度自我约束，自我调处水事。协会之间按照水事协商规约、协商沟通，达成共识。农民通过用水者协会这一群众自主用水管水组织，实行民主决策和民主管理，减少中间环节，有效减轻了农民负担，使用水矛盾和水事纠纷也得到有效遏制。同时改善了水费征收环境，提高了水费收缴率。

第五章

供水与排水

大港区是国家的石油化工基地之一，区内驻有大港石油管理局、天津石化公司、中石化四公司、大港发电厂、中四化六局一公司等大中型企业。大港区建区晚，受"先建厂，后建区"的影响，各大企业的生产、生活配套设施自成体系。1980年以前，大港区主要依靠开采当地的深层地下水来解决居民饮水和工农业生产用水问题。1980年石化公司实施引宝坻地下水入港工程以后，把优质的宝坻地下水引入石化公司供排水厂，除满足石化公司生产需求外，为石化公司的居民小区和大港的部分居民小区供应饮用水。1989年，天津市政府决定实施引滦入天津滨海地区的延伸工程。1991年通水后，大港油田水电厂滨海水厂停止使用地下水，开始供应滦河水。1995年，大港区政府所辖的大港水厂建成运行，自此大港城区居民全部停止饮用当地地下水。

大港区建区于1978年，城市规模形成较晚，主城区雨水原先依靠石化公司的排水系统，将城区雨水通过泵站排到十米河，再通过独流减河入海。1994年，大港区修建城区雨排明渠和雨排泵站。随着大港城区规模的不断扩大，修建了东部排水泵站，形成了大港城区独立的排水系统。

第一节 城 乡 供 水

一、城区供水

（一）供水水源

大港区区域的供水水源主要有：滦河水、宝坻地下水、当地地下水及淡化海水，大港区区域各水源供水量见表5-1-25，水源分布示意如图5-1-4所示。

表5-1-25　　　　　　　　**大港区区域各水源供水量表**　　　　　单位：万立方米

水源类别	年均供水量	月均供水量	日均供水量
滦河水	2450.0	204.17	6.71
宝坻水	2390.0	199.17	6.55
当地地下水	675.5	56.29	1.85
淡化海水	3014.9	251.24	8.26
合计	8530.4	710.87	23.37

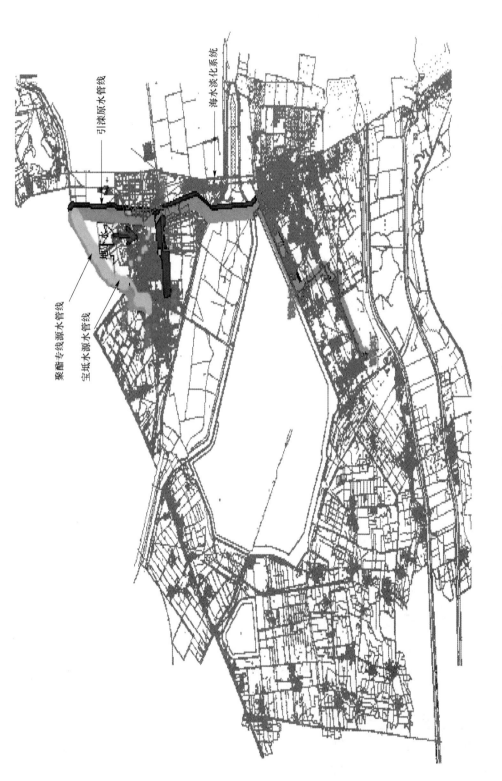

图 5 - 1 - 4　大港区区域水源分布示意图

（二）供水能力和供水单位

大港区域年供水能力约为 36.6 万立方米，主要由 10 个水厂及 4 个供水公司保障供全区用水，供水单位分别为石化水厂、安达水厂、大港水厂、滨海水厂、港西水厂、乙烯水厂，自来水设计供水能力为 26.3 立方米每日。华益、德维、港益、四化建等供水公司。大港区域各主要水厂位置分布如图 5 - 1 - 5 所示，大港区各水厂设计供水能力见表 5 - 1 - 26。

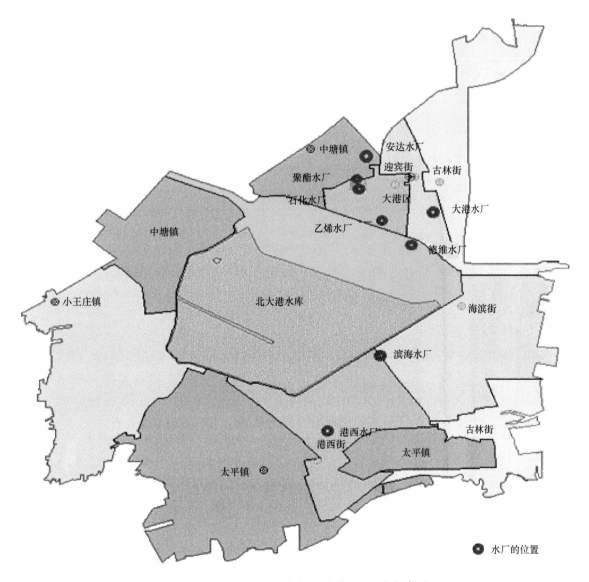

图 5 - 1 - 5 大港区域各主要水厂位置分布图

表 5 - 1 - 26　　　　　大港区各水厂供水能力表　　　　　单位：万立方米每日

水厂名称	自来水设计供水能力	地表水设计供水能力
大港水厂	2.0	2.0
安达水厂	1.2	1.2

水厂名称	自来水设计供水能力	地表水设计供水能力
石化水厂	10.0	10.0
滨海水厂	8.0	8.0
大港乙烯水厂	3.6	3.6
新泉海水淡化水厂	10.0	10.0
大港发电厂海水淡化	0.3	0.3
港西水厂	1.5	1.5
四化建供水公司	0.36	
德维供水公司		

（三）供水量

供水量。大港区域 2009 年用水量 3438 万立方米，饮用水水源主要有滦河水、地下水、宝坻水和海水淡化水，这些水源中，水质主要为Ⅱ类、Ⅲ类水质，各监测指标基本满足饮用水体的要求。2009 年，大港区主要由大港水厂、滨海水厂、安达水厂、港西水厂、石化水厂、乙烯水厂等自来水厂及港益、华益、德维、四化建等供水公司负责为全区供水，其设计供水能力和实际供水量见表 5-1-27。

表 5-1-27　大港区各水厂和供水公司的设计供水量和实际供水量表

水厂名称	设计供水量/ 万立方米每日	实际供水量/ 万立方米每日	实际供水量/ 万立方米每年
大港水厂	2.00	1.80	657.00
滨海水厂	8.00	3.95	1440.00
安达水厂	1.20	0.80	292.00
石化水厂	10.00	6.50	2373.00
四化建供水公司	0.36	0.24	87.30
港益	1.85	1.23	449.00

水厂名称	设计供水量/ 万立方米每日	实际供水量/ 万立方米每日	实际供水量/ 万立方米每年
华益	1.52	1.02	371.00
港西水厂	1.50	0.08	27.38

（四）供水范围

供水范围。大港水厂供水范围包括老城区 13 个居民小区和港东新城、海洋石化园区，辐射面积约 30 平方千米，供水人口约 10 万人；安达水厂供水范围包括大港经济开发区、东区、西区、中塘镇、古林街、小王庄镇、太平镇、港西街、大港海洋石化园区，用水户有 217 家企业、28107 户居民；滨海水厂主要为大港油田地区提供生产用水和居民生活用水，即一矿区、二矿区、三矿区、港骅、油田等其他单位。石化水厂主要负责石化公司生产用水和公司所辖 10 个居民小区饮用水的供应，供水人口约 5 万人；港西水厂主要供应港西街工业和居民用水的供应；港益公司没有制水能力，主要销售大港水厂、石化水厂的出厂水；华益公司主要销售石化水厂出厂水。

大港区域供水系统主要由油田系统、石化系统、中建四公司、滨海水业、自来水集团、大港水厂、港益供热、海水淡化系统 8 个独立的供水管网管理系统负责为全区供水（表 5-1-28），存在多水源供水、多水厂供水、多供水管网供水、多头管理等问题，在水质管理、水源调度、供水安全等方面都存在不同程度隐患。

表 5-1-28　　　　　　　　　　　**大港区供水系统分组表**

分组	供水管网系统	
油田系统	滨海水厂	一矿
		二矿
		三矿
		阳光家园
石化系统	石化水厂	
	乙烯水厂	
	华益物业	

分组	供水管网系统
中建四公司	四化建供水公司
滨海水业	安达水厂
	聚酯水厂
	港西水厂
	德维源水业
自来水集团	六局一公司
	轻纺城
	生态园
大港水厂	大港水厂
港益供热	港益供热
海水淡化系统	大港电厂和新泉供水厂

二、乡镇供水

大港区农村有 10 万农民，据测算，人均日用水量为 77 升，每年需水量 7700 立方米。因为没有地表水可饮用，在 2004 年以前，一直依靠开采地下水来维持农民的生活所需。由于大港区地下水资源含氟量超标，农村居民长期受高氟地下水影响，极易造成牙齿氟化和骨质疏松。为解决高氟水对群众健康造成的影响，大港区政府始终努力解决农民的饮用水水质问题。

（一）农村饮用水安全工程

2004—2006 年，大港区政府在天津市水务局的协助下实施农村饮水安全工程。工程的主要内容是在人口密集的农民居住区兴建除氟供水站，站中配套除氟设备和灌装设备，将含氟量的地下水处理达标后，灌装成桶，供应给农民饮用。

大港区农村饮水安全工程分为 2004—2005 年度一期、2005—2006 年度二期、2006 年三期，到 2006 年 11 月三期工程项目全部完工，共完成投资 462.31 万元，其中市补资金 230.56 万元，区补资金 139 万元，镇村自筹资金 92.75 万元。工程共新建农村饮水安全除氟供水站 28 处，购置安装除氟设备 28 套、灌装设备 28 套，建设管理用房 1260 平方米，共解决了 28 个村、3.43 万人的饮水安全问题。

（二）管网入户改造工程

大港饮水水源为地下水源，大部分开采第Ⅲ、Ⅳ、Ⅴ含水组的水，水质极差，主要为氟含量严重超标。大部分生活井，氟含量在 1.5～3.0 毫克每升之间，最高可达 4 毫克每升，氯化物含量在 310～330 毫克每升左右，总矿化度一般在 1000 毫克每升以上。平均值为 1300 毫克每升左右，pH 值一般在 8.1～8.5 之间。地下水质量评价均属Ⅴ类水，甚至有的超Ⅴ类水标准。2007 年，农村管网入户改造工程是由安达水厂向中塘镇新建的兴安花园等 8 个楼房小区集中供水，使 2.03 万农民的饮用水由地下水变成滦河水。工程总投资 404.92 万元，其中市补资金 118.33 万元，区财政资金 163.54 万元，镇村自筹资金 123.05 万元。

（三）街镇村中心居住区农民饮用水切换工程

为使大港区更多农村居民喝上甘甜的滦河水，大港区水务局 2009 年编制《滨海新区大港镇（街）村中心居住区农民饮用滦河水工程项目建议书》（代可研），2010 年 4 月 15 日滨海新区发改委正式批复立项（为保持工程的连续性，延伸到 2011 年）。

大港街镇村中心居住区农民饮用滦河水工程总投资 17378.33 万元，投资来源为滨海新区政府和大港管委会，投资比例为 6∶4。工程分为二期实施。

一期工程将滦河水引到农民中心居住区红线内，2010 年 4 月 22 日至 11 月 30 日。工程投资 9810 万元，完成的主要工程任务：自港西水厂、安达水厂、大港水厂 3 个水源地向农村 18 个中心居住区及 30 所农村校铺设输水管线总长度约 137.21 千米，其中直埋 122 千米、拉管 15.21 千米，管径为 DN500 - DN110 毫米；新建小区内二次加压泵站共 9 座，其中太平镇 4 座、小王庄 5 座，总占地面积 8750 平方米，完成泵站管理用房 1455 平方米，新建容积为 50～400 立方米不等的清水池 9 座，共安装二次加压泵 27 台套、二氧化氯发生器 11 套，低压配电屏、变频控制柜、PLC 控制柜等共计 47 面，变压器 9 台套；砌筑阀门井及放气阀井 321 座；土方开挖 28.48 万立方米，土方回填 28.05 万立方米。一期工程竣工后，大港涉农 3 镇 2 街，共 22 个楼房集中居住区红线内均有滦河水水源进入，为广大农民喝上洁净、安全、甘甜的自来水提供了基础性保障。工程由大港水利工程公司负责施工。

二期工程是将管道入户，将滦河水送到农村居民家中。工程投资 7568.33 万元，工程的主要内容：自一期工程各支线最末端小区红线内水表井或小区内加压泵站出水口，铺设管网进入中心居住区楼内厨房。解决 22 个中心居住区院内、楼内供水管网老化改造问题。完成主要工程任务：铺设各中心居住区院内供水管网总长度约 133.43 千米，管径为 DN40－DN250 毫米，砌筑阀门井 853 座。安装改造管道 52 千米，管径为 DN15－DN25 毫米。购置安装磁卡表 30450 块，新建 2 座水厂。

工程由大港水利工程公司负责施工，于 2010 年 10 月 8 日开工，12 月 15 日竣工。

第二节　城　区　排　水

大港区于 1978 年经国务院批准建区，由于建区时间较短，没有形成完整的城区排水体系，每逢大雨，城区经常出现淹泡现象。为解决城区雨季排水问题，1995 年 3 月，区水利局实施了城区雨排系统建设工程，投资 300 万元，开挖了城区雨排明渠，兴建城区雨排总站 1 座，将大港城区雨水经由荒地排河入海，初步解决了城区排水问题。后随着城市规模的扩大，2004 年投资 240 万元，兴建东部泵站 1 座，将大港东部城区的雨水由板桥河排泄入海，大港区具备了比较完备的城市排水系统。1990—2009 年大港区城区排沥泵站见表 5－2－29。

表 5－2－29　　　　　**1990—2009 年大港区城区排沥泵站一览表**

扬水站名称	所在河道	总投资/万元	建站/年份	水泵			扬水站性质	排水效益面积/公顷		
				型号和台数	单泵/立方米每秒	单站/立方米每秒		小计	3～5年一遇	10年一遇
城区雨排	荒地排河	196	1995	900ZLB－100/3	2	6	排	1813.33		1813.33
东部泵站	板桥河	240	2004	900ZLB－100/2	5	10	排			

一、城区雨排总站

该站于 1995 年建成，总投资 196 万元。设计排水能力为 6 立方米每秒。其主要排水范围为大港区城区和大港区石化海洋科技园区，在城区出现积水时，经城区雨排至城排明渠将水排到荒地排河入海。

二、东部泵站

该站于 2004 年更新改造，总投资 240 万元。装有设计排水能力为 6 立方米每秒。2010 年大港管委会投资 2053.22 万元，对泵站再次进行扩建，对板桥河进行清淤，将排水能力提升到 10 立方米每秒。其主要排水范围是大港区东部城区和大港经济技术开发区，当东部城区和开发区出现积水时，开启泵站，经由板桥河排水入海。

三、城区雨排明渠

始建于 1995 年 2 月 8 日，全长 7700 米，其中南环路以北 4350 米，以南 3350 米，设计土方量为 76 万立方米，设计断面，南环路以北底宽 2 米，边坡 1∶1.5，南环路以南底宽 3 米，边坡 1∶2，纵坡一律采用 1/3000，设计底高程梁首＋1.5 米，渠尾－1.15 米，是大港城区主要雨排通道，后于 2003 年改造为暗渠。

第三节　海　水　淡　化

大港区地处渤海之滨，有着丰富的海水资源。在水资源日趋紧张的情况下，积极推动海水淡化技术的开发利用，用以替代工业冷却水，在保证工业发展的同时，节约了大量水资源。

一、大港发电厂海水淡化

天津大港发电厂是全国最早利用海水直流冷却的大型电站，建厂初期水源主要由北大港水库水源和地下水（井水），均为微咸水源。天津大港发电厂于 1986 年 8 月引进美国环境系统公司（ESCO）两套 3000 立方米每日的多级闪蒸海水淡化装置（MSF），于 1988 年建成投产，总投资 540 万美元，两套设备一用一备，日产淡水 3000 立方米（设计值），实际日产淡水 2600 立方米，含盐量小于 3 毫升每克。天津大港发电厂海水淡化属于典型的水电联产工艺，该装置的形式为高温盐水再循环长管型多级闪蒸海水淡化装置。

二、新泉海水淡化有限公司

天津大港新泉海水淡化有限公司位于天津市大港区海洋石化园区内，由新加坡凯发集团投资建设，是亚洲最大的海水淡化厂。一期工程 2008 年投入使用，日产淡化水能力为 10 万立方米，供给天津石化公司乙烯炼油一体化项目 8 万立方米每日，供给天津海洋石化科技园区 2 万立方米每日。

第六章

工程管理

大港区水务局针对以往水利工程建设管理中存在的"重建轻管"的问题，坚持"谁建设、谁负责，谁受益、谁管理"的原则，建立水利工程管理制度，规范管理，明确建后的工程产权和管理主体，把工程管理措施落实到基层站所。至 2009 年年底，大港区境内有市管一级河道 3 条，分别为独流减河、子牙新河、马厂减河（上段）；市管二级河道 1 条，即洪泥河；区管二级河道 8 条，区管主要河道桥梁 83 座，区管泵站 17 座，小型灌溉排水泵站 121 座，其中灌溉泵站 43 座、排涝泵站 54 座、灌排泵站 24 座，配套小型闸涵 1846 座；市管大型水库 1 座，即北大港水库；区管小型水库 2 座，分别为钱圈水库、沙井子水库。区水务局下属的水管单位河道管理所、排灌站、钱圈水库管理所都形成了一整套的管理措施，保证了水利设施的安全运行。

第一节　水利工程管理

一、水利工程管理机构

大港区水利局设有工程规划科，作为本局水利工程管理机构，主要职责：组织制定全局水务水利发展规划，组织指导水务（水利）各专业规划的编制和实施；负责全区水利工程规划、设计、编制预算决算和工程技术指导；负责重点水务工程项目的立项、勘察、施工、质量监督检查；审核各种水利工程的设计方案、工程图纸；负责全区水利工程建设；组织制定工程项目建议书和可行性研究报告；负责区水利工程项目的立项，指导水利基本建设评估工作。

1991 年工程建设主要由大港区水利局工程科负责施工管理办公室，地点设在水务局。大港区水利工程公司成立于 1992 年 3 月 6 日，现有注册资金 5000 万元，为国有企业。主要负责大港区水利工程建设和维修（办公地点设在水务局）。主要施工项目为堤防河坡护理、水利工程建设。大港区境内一级、二级河道纵横，每年都有护坡和护堤任务，在工程施工中，形成了一套行之有效的管理模式，多次获得优良工程。公司自 1992 年成立以来，先后承担了大港水厂供水管线，独流减河护坡，友爱扬水站，中塘扬水站，大港电厂供水管线，大港城排供水工程，官港泵站，乙烯排污管道，曙光里雨排，大港水库调节闸，北围堤拓宽，海河干流治理，子牙新河复堤，中塘节水，大港水库引黄闸，海挡护坡，港北街排污，石化聚酯供水，大港水厂扩建，石化隔离带，大港油田供水，大港开发区供水泵站，日板浮法玻璃厂，滨海新区大港饮用滦河水一期、二期工程，大港水库安置区移民工程，天津市滨海新区自力泵站重建等工程。

二、水利工程管理体制改革

根据《国务院办公厅转发国务院体改办关于水利工程管理体制改革实施意见的通知》，2006 年年底，天津市水利局对水利工程管理实施体制改革。2008 年，大港区政府召开常务会议，研究大港区水利工程管理体制改革相关问题，同意将河道管理所、钱圈水库管理所、排灌站、渔苇管理所调整为水管单位，并经过天津市水务局验收，为大港区水利工程安全运行、科学管理打下良好基础。

三、制度建设

质量监督管理。按照《水利工程质量监督管理规定》《水利工程建设安全生产管理规定》《天津市水利工程建设质量监督和安全监督实施细则》等文件，对全区水利工程及承揽的区外水利工程进行安全检查，制定了项目法人质量管理制度。在工程质量管理中，建立健全了"四大体系"，即工程建设单位质量体系、监督单位质量控制体系、施工单位质量保证体系及设计单位现场服务体系，加强工程质量检查，及时、规范地做好工程日志，合同设计、监理、监督部门制定工程检测计划，做好工程材料和工程质量的检测工作，配合有关部门做好工程验收工作。

在大港区水利工程建设施工中，依据国家有关的法律、法规、规章和规范文件，做好参加建设工程项目的建设单位、勘察单位、设计单位、施工单位、工程监理单位及其他有关单位的质量检查与监督，依法承担水利工程建设工程质量责任，并接受天津市水利工程质量安全监督中心的监督管理。

安全生产管理。为保证安全生产，大港区水利局成立了安全生产办公室，专门负责全局的安全生产工作。每年局安全办都要和各基层单位签订《大港区水利局安全生产责任状》，安全工作实行一票否决制，提高全局对安全生产工作的重视程度。为保证施工安全，大港区水利建设工程质量与安全生产监督站实行站长负责制的安全生产管理体系，坚持安全生产责任制，逐级负责，做好工程建设范围内的环境保护、劳动卫生和安全生产等各项工作。贯彻"安全生产、预防为主"的方针，选择具备相应资质等级取得安全生产许可证的单位施工。各施工工地设立安全员，公司与施工队层层签订《安全生产责任书》明确安全员的职责。施工前做好安全生产的宣传教育和管理工作，检查施工单位施工施工现场安全管理和相应措施，针对工程的特点编制具体的安全技术措施和安全操作规程。施工中，检查施工现场的施工设备设施，是否符合防火、防雨、防风要求；挖掘机工作时，任何人不得进入挖掘机的危险半径之内等。多年来，工程质量管理井然有序，安全措施得当，保护了施工人员的安全，防止了各类事故的发生，保证了工程的顺利进行。

基建财务管理。认真贯彻《基本建设财务管理若干规定》和《会计条例》。加强基本建设财务管理和监督，依法、合理筹集和使用建设基金。做好基本建设资金预算的编制、执行、控制、监督和考核工作，严格控制建设成本，减少资金损失和浪费，提高投资效益。在初步设计和工程概算获得批准后，主管部门及时向级财政部提交初步设计的批准文件和项目概算，并按照预算管理的要求，及时向财政部门报送项目年度预算建设项目停建、缓建、迁移、合并、分立以及其他主要事项，提交有关文件、资料的复印件实行汇总核算制。

文明施工管理。大港区水务局成立创建文明工地的组织机构，制定创建文明建设工地的计划，组织职工扎实开展精神文明建设工地创活动。施工区的环境表现为施工区与生产区悬挂文明施工标识牌或文明施工规章制度；办公室、宿舍、食堂等公共场所整洁卫生；现场材料堆放、施工机械摆放整齐有序；施工现场道路平整、畅通、作业区排水畅通；危险区域有醒目的安全警示牌，夜间作业设有警示灯，施工现场做到工完场清，建设垃圾集中堆放并及时清运。

第二节　河道闸涵管理

一、河道管理机构

大港区河道管理所是区水利局所属河道工程管理单位，为差额拨款事业单位，区编制人员 37 人。负责对大港区青静黄排水渠、北排河、沧浪渠、兴济夹道河、马厂减河下段、十米河、八米河、马圈引河（堤防总长 265.04 千米）、荒地排河（长 36 千米）、团泊渠（长 16.7 千米）的 8 条二级河道和 83 座河道桥梁（表 6-2-30）实施综合管理。主要职责是对河道进行检查观测，掌握河道护岸、堤防工程险工、险段的状态以及河势变化情况；负责堤防的养护维修，消除隐患，维护配套工程完整，确保工程安全；依法管理河道的水质，实施水质监测和排污口管理；依照有关法律和水利部颁发的《河道堤防工程管理通则》，监督制止侵占、破坏或损坏堤防及其配套工程的行为；查处违反《天津市河道管理条例》和危害堤防运行安全的行为。

二、管理制度

加强河道管理，保障防洪安全，发挥河道的综合效益，根据有关法律、法规和规章，大港区河道管理所为大港区水利部门河道行政主管部门。2007 年之前，大港区河道管理所受市水利局委托负责大港区境内 3 条一级河道，即子牙新河、独流减河、马厂减河（上段）的治理和维护。根据大港区水利建设的实际发展情况，对河道管理范围进行划分，使河道管理工作更加规范化、制度化，市水利局对河道管理进行监管。2008年，水利工程管理体制改革后，大港区河道管理所配合市水利局大清河处对 3 条一级河道主要进行日常巡护和管理。

大港区河道管理。明确职责，落实岗位职责，明确任务，责任到位，任务到人，坚持日常巡查不间断，及时发现、制止各类水事违法行为、案件，并立即向上级主管理部门汇报。不定期抽查、定期召开河道管理人员汇报会，对水事违法案件进行分析、总结，按时收集（堤防违章情况总报表），做好日常工作记录表的检测。堤防维修养护人员明确工作责任区，确保堤顶平整，戗台完好。严格执行《中华人民共和国水法》和《天津市河道管理条例》的各项规定，在河道管理范围内，严格禁止乱掘乱挖、私搭乱盖，堆放垃圾等违法现象，在河道管理范围内严格实行行政审批制度。2009 年，共查处违法案件 15 起，确保了安全度汛。

对闸涵维护管理工作进行规范化。严格执行安全操作规程，确保安全运行，保证人身安全。按照上级管理部门的统一调度，技术启闭闸门，对启闭设备、闸门进行定期检查、维护和保养工作，及时掌握设备状况，确保设备能够及时投入运行，特别是做好汛前、汛后检查工作，包括闸门上下游护坡、安全生产及规章制度的落实。汛期检查时间为 4 月底前完成，汛后检查时间为 10 月底前完成。做好安全保卫工作，杜绝危害水利工程行为的发生。实施各河道管理制度以来，堤防管理工作趋于制度化、规范化。河道堤顶平整，堤肩顺直，堤波平顺，有效控制了河道管理范围内的违章建筑物、违法取土、排放污水、堆放杂物、倾倒垃圾等违法、违章行为，使河道水面漂浮物明显减少，保证了水利工程、水利设施完好，机电设备启闭自如，维修维护工作到位，以及闸站环境整洁。

表 6 - 2 - 30

1990—2009 年大港区新建主要河道桥梁统计表

镇街	桥名称	位置	坐落河道	建成年份	桥性质			工程现状/座				总长/米	桥面宽/米
					是否为公路桥	是否为农用桥	总计	是否完好	是否基本完好	是否为轻度损坏	是否为严重损坏		
合计					36	3	39	22	13	3	1		
古林街	北排河桥	津歧路 71+400	北排河	1999	√			√				284.0	15.0
古林街	青静黄桥	65+810	青静黄排水渠	1999	√			√				99.6	15.0
古林街	子牙河桥	津歧路 66+780	子牙河	1999	√			√				109.0	14.0
小王庄镇	渡口桥	国道拐角处	马厂减河	2005	√			√				64.0	16.0
小王庄镇	李官庄桥	李官庄村北	青静黄排水渠	2005	√	√		√				84.0	6.0
小王庄镇	刘岗庄桥	刘岗庄村北	青静黄排水渠	1992	√			√				90.0	11.0
小王庄镇	王房子桥	王房子村北	马厂减河	2006	√			√				50.0	7.0
小王庄镇	西树深桥	西树深楼房小区旁	总排干	2006	√			√				20.0	6.0
小王庄镇	小苏庄村北桥	三山塑料厂北	二分干	1997	√				√			14.0	6.0
小王庄镇	小苏庄南桥	小苏庄村口	二分干	1991	√				√			14.0	10.0
小王庄镇	小辛庄村南桥	小辛庄村南	二分干	2004	√			√				14.0	8.0

续表

| 镇街 | 桥名称 | 位置 | 坐落河道 | 建成年份 | 桥性质 | | | 工程现状/座 | | | | | 总长/米 | 桥面宽/米 |
					是否为公路桥	是否为农用桥	总计	是否完好	是否为基本完好	是否为轻度损坏	是否为严重损坏			
小王庄镇	小辛庄村北桥	小辛庄村北	青静黄排水渠	2007		√		√				80.0	8.0
小王庄镇	扬水站桥	刘岗庄东泵站南侧	二分干	1994		√			√			24.0	6.0
小王庄镇	钱圈桥	钱圈村北	马厂减河	1992	√					√		52.5	5.0
小王庄镇	徐庄子桥	徐庄子村南	北排干	1995	√					√		26.0	8.0
太平镇	太平村一号桥	太平村村北	子牙新河	1990	√						√		
太平镇	翟庄子南桥	翟庄子村南	沧浪渠	1996	√			√				60.0	7.3
太平镇	翟庄子村北桥	翟庄子村北	北排河	1997	√			√				150.0	5.7
太平镇	远景二兴济夹道桥	友爱与远景二交界	兴济夹道	2007	√			√				37.0	7.5
太平镇	五星桥	村南	子牙新河	2003	√			√				98.5	6.4
太平镇	窦庄子村南桥	窦庄子村南	沧浪渠	2005	√			√				77.8	8.1
太平镇	大道口村北桥	港中路	兴济夹道	2006	√			√				31.0	9.0
太平镇	远景二尾闸	远景二村北	兴济夹道	1994	√					√		42.0	7.8
中塘镇	万安桥	薛卫台村南	八米河	2002	√			√				24.0	7.0

续表

镇街	桥名称	位置	坐落河道	建成年份	桥性质		工程现状/座					总长/米	桥面宽/米
					是否为公路桥	是否为农用桥	总计	是否完好	是否基本完好	是否为轻度损坏	是否为严重损坏		
中塘镇	安达工业区桥	工业区南	八米河	2002	√			√				44.0	13.0
中塘镇	大安开发区桥	大安村南	十米河	2002	√			√				67.0	30.0
中塘镇	大安万安公路桥	大安村东	十米河	1994	√				√			40.0	15.0
中塘镇	杨柳庄桥	交通队东侧	二进干	1996	√				√			8.0	6.0
中塘镇	刘塘庄村桥	刘塘庄村南	二进干	2001	√				√			8.0	7.0
中塘镇	仁合路桥	仁合小区南	二进干	2002	√				√			20.0	14.5
中塘镇	甜水井新桥	甜水井村北	青年渠	2005	√				√			41.0	6.7
中塘镇	振兴大桥	东河简村北	马厂减河	2000	√				√			45.0	11.0
中塘镇	赵连庄桥	赵连庄村北	马厂减河	2008	√			√				46.0	8.5
中塘镇	西闸桥	西闸村北	马厂减河	2005	√				√			43.0	8.0
中塘镇	西河简桥	西河简村北	马厂减河	2008	√				√			43.0	8.0
中塘镇	天成桥	天成化工厂北侧	马厂减河	2000	√				√			42.0	9.3
中塘镇	南台村桥	南台村北	马厂减河	2007	√			√				5.0	7.5
中塘镇	东河简村桥	东河简村北	马厂减河	1994	√				√			42.0	8.5

三、河道堤防绿化管理

针对大港区土质盐碱情况，提出深挖坑、换甜土，保水淋碱的方法。1992 年植树 3.6 万株，绿化堤防公里成活率 90％。同时建立承包责任制，包栽、包管、包成活，纳入堤防管理百分制考核内容。一级河道堤防种树 96.22 万株，绿地面积 359.6 公顷，堤防绿化覆盖率 62％；二级河道植树 23.19 万株，绿地面积 385.73 公顷，起到了固土护堤的作用，使荒堤成为绿色长廊。并逐步转入经济体，共栽种经济林 12 公顷。其中苹果树 6 公顷，梨树 1.33 公顷，葡萄 1.33 公顷，枣树 1.33 公顷，取得了一定的经济效益。1991—1996 年绿化投资 15.2 万元，植树 22.55 万株，成活率 85％以上。

1997 年绿化重点是独流减河左堤，针对堤防土质硬、生土、盐碱含量高以及春夏连旱的不利因素，采取戗台顶垫土和挖土坑、浇大水，戗台修畦田，保水保堤等办法，保证植树的成活率，共植刺槐 1000 株，紫穗槐 7000 株，成活率达 95％以上。注重对林木的管理，适时除草，防治病虫害，防止树木丢失，确保种一片、活一片、保持一片，重点加大对经济林木的管理力度，使果园取得显著效益。全年收粮果 1.8 万公斤，其中苹果 5000 公斤，梨 6000 公斤，粮食 7000 公斤。

1998 年的绿化重点是独流减河左堤。全年共植刺槐 1000 株，紫穗槐 7000 株，树苗的发芽率接近 100％，成活率达 95％。区水利局被大港区政府评为区级绿化先进单位。全年共收粮果 1.8 万公斤，其中苹果 5000 公斤，梨 6000 公斤，粮食 7000 公斤，为以堤养堤开创一条新路。

1999 年堤防绿化克服土壤盐碱、干旱少雨的困难，在子牙新河右堤 122＋0～125＋0 段种植紫惠槐 2.3 万株，成活率达 85％以上。区水利局河道管理所被区委、区政府评为区级绿化先进单位。

2009 年，大港区水务局加大河道管理力度，实施一级河道堤防对外发包绿化使用权的堤防绿化管理模式，即以承包自愿、费用自理、收益分成的原则，经市水务局河系管理处审核批准，由大港区河道管理所签订协议的形式，调动协议双方的积极性。当年对部分河道树木进行更新补栽，仅马厂减河左堤 1＋350～21＋350 段堤防更新补栽树木 28500 株，新的绿化模式有效解决了河道树木管理养护难的问题，通过河道堤防植树达到农民收益、河道整体环境提升的双重目的。

第三节　泵　站　管　理

一、泵站管理机构

大港区排灌站是区水利局所属自收自支事业单位，编制 15 人，负责城区 35 平方千米排水和农村 27 平方千米的灌排任务。按照国家和本市有关技术标准，汛期之前对排水设施进行全面检查维修，确保汛期安全运行；每年对灌排水设施进行定期养护维修，保障排水设施完好和正常运行；负责乡管泵站技术指导及督促管理；负责刘岗庄泵站、城区雨排泵站和城区东部泵站、远景二闸、城排明渠（3.2 千米）、东部泵站出水渠道（8 千米）管理养护工作。1998 年 10 月与水利公司合署办公，2008 年 11 月独立办公。

二、泵站管理制度

为确保泵站正常运行和安全管理，大港区排灌站先后制定了《大港区国有泵站运行管理规程》《大港区国有泵站岗位责任制》《泵站值班制度》，并定期或不定期检查各泵站安全生产和管理制度落实情况，严格执行各项规章制度。

泵站实行 24 小时值班制度，工作人员坚守岗位，不脱岗、不空岗，开泵前后要对机电设备进行全面检查，及时发现问题，妥善解决，认真填写泵站运行日志。交接班时，交班人员必须向接班人员交代清楚机电设备运行情况才能离岗。若在交接期间发生设备故障，两班人员必须同时在岗，待故障排除，查明故障原因后方能交班。

各泵站管理单位注重泵站机电设备的维修和养护工作，坚持日常养护和定期检查维护相结合的原则。泵站管理人员对机电设备做到"四日常"，即日常巡视、日常清扫、日常检查、日常维护。从而使泵站达到机房整洁、设备无锈蚀、无故障、无隐患，运行安全可靠。每年汛前、汛后两次组织专业技术人员对泵站机电设备进行大修，检查养护，发现问题及时上报，立即解决，使机电设备都能时刻保持运作自如、启闭灵活状态。

第四节　海　堤　管　理

一、海堤管理机构

天津海岸线全长 153.2 千米，其中大港区段 31.4 千米。自 1941 年天津沿海修筑海堤（俗称海挡），1949 年天津相继修筑包括土堤、土堤加毛石护坡、重力式浆砌石墙等多种结构型式海堤，1997 年起，天津市对海堤加大治理力度。截至 2006 年年底，北起河北省涧河口，南至河北省沧浪渠入海口，总长 139.62 千米的天津市海堤实现了全线封闭，重点段达到 50 年一遇、一般段达到 20 年一遇的防潮标准。至 2009 年，天津市海堤工程总长 155.5 千米，其中大港区段 28.77 千米，海堤沿线预留口门 1 座，穿堤涵闸 48 座，海堤沿线有上堤路大港 20 条。2006 年以前，大港区河道管理所（隶属大港区水务局）受天津市水务局委托，负责对境内 28.77 千米的海堤及建筑物进行日常巡护和管理。2006 年，天津市机构编制委员会批复，成立天津市海堤管理处（以下简称海堤处），隶属于市水利局，主要负责所管辖海堤水利工程、河口及沿海岸的滩涂的管理。

二、海堤管理制度

根据《天津市海堤管理办法》，大港区河道管理所制定了《大港区海堤管理规定》，严禁任何单位和个人擅自在海堤修建穿堤建筑物，严禁任何单位和个人在海堤内从事纳潮养殖等一切破坏海堤的行为。同时，制定了《大港区河道管理所河堤巡查管理规定》，要求海堤巡查人员，严格按照规定，按时对海堤进行巡查，确保海堤安全。

三、海堤治理

大港区水务局受天津市水务局委托每年都有海堤维修养护工程，但投入力度仍显不足，特别是经过 1992 年、1994 年等大潮侵袭后，堤防破损严重。1997 年，市政府批准了《天津市海挡建设规划》，对海堤治理加固，同意村庄密集、企业较多等段海堤按 50 年一遇潮位，七级风标准，称为重点段；河口、港口等段海堤按 20 年一遇潮位，七级风标准，称为一般段。大港区设计潮位重现期 20 年为 4.49 米、50 年为 4.71 米、100

年为 4.88 米、200 年为 5.03 米。

（一）海堤专项工程

1997 年海堤工程专项投资 59.6 万元，维修加固大港马棚口一村防潮堤 750 米。防潮堤结构型式为浆砌石墙，迎水面为浆砌石护坡，墙顶高程 4.71 米。主要完成浆砌石 1140 立方米，土方 1.07 万立方米。

2004 年海堤专项工程投资 100 万元，实施大港区绿色环保型海挡实验工程。堤顶高程 6 米，滩地高程 2.4 米。土质缓坡坡面，种植柽柳，抑制海浪冲击。主要工程量完成土方 8600 立方米，浆砌石 384 立方米，抛石 200 立方米，种植柽柳 4000 株，护花米草 6000 平方米。

2005 年实施海堤专项工程：投资 29.28 万元，加固大港电厂吹灰池段 41 米海堤，拆除原 C20 混凝土连锁板，新铺设土工布一层和碎石垫层，重新铺设混凝土连锁板，再进行 C20 细石混凝土灌缝。完成挖方 2505 立方米，人工夯填土方 1637 立方米，土工布铺设 2046 平方米，C20 混凝土 170 立方米。投资 20.6 万元，加固渤海水产资源增殖站段海堤，拆除原 C20 混凝土连锁板，新铺设土工布一层和碎石垫层，重新铺设混凝土连锁板，完成挖方 320 立方米，人工夯填土方 1408 立方米，土工布铺设 1600 平方米。

2006 年实施海堤专项工程，投资 98.15 万元，维修加固大港段渤海水产资源增殖站段海堤 400 米，大港电厂吹灰池段海堤 410 米。拆除预制混凝土板护坡，重新铺设一层土工布和碎石垫层，铺设混凝土连锁板，C20 细石混凝土灌缝。完成土方开挖 1073 立方米，土方回填 4306 立方米，C20 混凝土连锁板拆除 643.8 立方米，碎石垫层 268 立方米，C20 混凝土灌砌 535.6 立方米，土工布铺设 5365 平方米。

2007 年实施海堤专项工程，投资 92.52 万元，维修加固大港段增殖站段 770 米和大港电厂吹灰池剩余段 1120 米背海侧海堤。完成土方开挖 1446 立方米，土方回填 2792 立方米，C20 混凝土连锁板拆除 837.6 立方米，碎石垫层 349 立方米，C20 混凝土连锁板铺设 6980 平方米。

2008 年实施海堤专项工程，投资 63.96 万元，维修加固大港段海堤 258 米。对海堤原浆砌石防浪墙进行钢筋混凝土贴面、加高，迎海侧浆砌石护坡。完成土方 1824 立方米，石方 581 立方米，混凝土灌砌 123 立方米。

2010 年实施海堤专项工程，投资 107.5 万元，维修加固大港马棚口一村津歧公路段海堤 215 米。拆除 44 米旧挡墙，新建 M15 浆砌石防浪墙及压顶；防浪墙迎海侧浆砌石护坡和抛石护脚。主要工程量包括土方开挖 2070 立方米，土方回填 940 立方米，石方 2119 立方米，混凝土灌砌 99 立方米。

（二）海堤应急加固工程

1999 年实施治理大港电厂吹灰池段 1200 米，防潮标准为 20 年一遇。2001 年实施治理大港电厂吹灰池段 1439 米，渤海水产资源增殖站段 1155 米，津歧公路马棚口村段 70 米，马棚口一村段 35 米，防潮标准除马棚口一村为 50 年一遇外，其余段均为 20 年一遇。2008 年实施大港区青静黄挡潮闸下游左堤迎海侧进行 C25 混凝土灌砌石护坡，背海侧采用 C20 混凝土灌砌石护坡。

（三）企业自保段海堤日常维护维修

1991 年，天津海堤日常维护均由企业在自保段进行。2006 年海堤处成立后，从 2007 年开始逐年进行海堤的日常维护管理。

大港油田。2001 年投资 116 万元，对港 25 井防潮墙进行了重建。2002 年投资 120 万元，对港 25 井北段防潮堤进行了重建。2003 年投资 50 万元，对工农兵闸下新建了防潮墙长度 600 米。投资 55 万元，对 5 号平台防潮墙进行维修。投资 100 万元，对遭到海潮冲击破坏严重的港 25 井海堤进行了维修。2004 年投资 20.3 万元，重建了港 24 井海堤防潮闸。2005 年投资 400 万元对港 25 井防潮堤进行了加固处理，主要建设内容是在防潮堤内侧新建毛石墙 2226.96 米，新建 3.5 米宽水泥道路 4890 米。2007 年投资 400 万元，对港 25 井防潮堤进行了维修，南段维修 704 米，北段维修 1580 米，东段维修 1604 米。

第五节 建 设 管 理

大港区水利局在水利工程建设过程中，注重"四制"建设管理的落实，即项目法人制、招标投标制、建设监理制、合同管理制。截至 2009 年年底，大港区重点工程项目均实行"四制"管理。

一、项目法人制

规范项目法人建设行为，所有建设项目严格履行基建程序，明确或组建了项目法人，实行水利工程项目法人考核制度，进一步完善工程项目法人单位的管理体制、工作程序和机构设置，建立以项目法人为核心的项目管理体制，健全了以项目法人为主，设计、监理、施工单位为主体的建设市场。在成立了现场指挥部的基础上，又分别成立了工程质量、环境监测、审计、安全生产和文明施工领导小组，构成了较为合理的组织机构。

制订完善了项目法人内部审计制度，施工单位质量管理和质量检测、项目法人安全生产管理制度、项目法人技术档案管理制度。

二、招标投标制

大港区水务局在水利工程建设项目实行公开招标投标制度，严格加强招标投标监督管理，规范招标投标行为，建立健全招标投标项目建设程序审批、核准和备案制度。遵循市场规律，体现公开、公平、公正。截至 2009 年全区水利工程项目的招标投标均依法实施，推动了水利工程建设的有序发展。

三、建设监理制

建立工程监理制是实行项目法人责任制的基本保障，有了工程监理制，建设单位就可以根据自己的需要和有关规定委托监理，在工程监理的协助下，做好投资控制、进度控制、质量控制、合同管理、信息管理和组织协调，为在计划目标内实现项目建设要求提供基本保证。

四、合同管理制

1999 年 3 月，天津市水利局印发《天津市水利工程建设项目管理办法》等三个水利建设管理办法，要求水利工程建设推行项目法人责任制、招标投标制、建设监理制、合同管理制，并在海挡加固等工程中规范了水利工程建设合同的签订。

截至 2009 年大港区水务局对所有水利工程建设项目强化合同管理制，根据项目特点和要求确定合理的合同结构，选择合适的合同文本，确定合同计价和支付方法，对合同的履行过程进行跟踪及控制，严格按照合同的约定履行职责，对工期、质量、安全实行目标管理。

"四制"的推行和落实，使大港区水利工程建设和管理水平得到提高，"四制"推行后，大港区水利工程项目未出现过一起质量不合格的情况，也没有发生过一起工程腐败现象，水利工程均达到了设计标准，发挥了工程效益。

第六节　水　库　移　民

北大港水库是平原水库，位于天津市大港区，海河流域大清河、南运河、子牙河、独流减河下游，东临渤海，离入海口 6 千米。水库总容量 5 亿立方米，正常蓄水水位 7 米。历史上，北大港水库为蓄水洼淀，主要承泄大清河、南运河入海洪水，并兼顾蓄水、灌溉和养鱼植苇。自 1965 年在港内开发石油和开挖子牙新河而停止蓄水。为解决天津市自备水源，蓄洪兼筹，1974 年 3 月开始对独流减河以南，库区的四围堤进行加高加固，并修建蓄、引、排水配套工程，1980 年建成北大港水库。由于北大港水库位于大港区中心，当时有许多村庄分布其中，为支持水库建设，农民们无偿搬迁或献出土地，保证了水库的顺利建成。库区移民工程是国家对为水库建设作出牺牲的农民及其后裔的补偿。

一、库区移民分布

北大港水库库区移民涉及大港区的共 43 个村，其中移民迁建村 10 个，分属在中塘镇和上古林乡，总户数 4515 户，涉及人口 1.3 万人；移民占地村 29 个，分属小王庄镇、中塘镇、太平镇，总户数 1.4 万户，涉及人口 4.4 万人；移民受影响村 4 个，分属太平镇和港西街，总户数 0.14 万户，涉及人口 0.4 万人。具体情况见表 6 - 6 - 31。

表 6 - 6 - 31   **北大港水库库区移民基本情况表**

类型	街镇	村（庄）
迁建村	中塘镇	甜水井、潮宗桥、南台、北台、西河筒、东河筒、西闸
	古林街	上古林、马棚口一村、马棚口二村
占地村	小王庄	刘岗庄、小苏庄、小辛庄、徐庄子、东抛庄、南抛庄、北抛庄、李官庄、南和顺、北和顺、张庄子、小王庄、钱圈
	中塘镇	马圈、赵连庄、刘塘庄、杨柳庄、中塘、薛卫台、万家码头
	太平镇	太平、邱庄子、苏家园、五星、友爱、前十里河、刘庄、大村、大苏庄
受影响村	太平镇	远景二村
	港西街	沙井子一村、沙井子二村、沙井子三村

二、移民扶持资金和项目

2007 年天津市水利局在《关于北大港水库移民项目扶持资金额度的复函》中批复同意确定北大港水库移民后期扶持方式为项目扶持，确定扶持资金额为每年 266 万元，扶持 20 年（从 2006 年 7 月 1 日算起）。

（一）2009 年度项目

2009 年度北大港水库库区及移民安置区基础设施项目。①工程可行性研究报告的批复：天津市发展和改革委员会于 2009 年 8 月 18 日以《关于 2009 年度北大港水库库区和移民安置区基础设施项目可行性研究报告的批复》。②工程初步设计的批复：天津市水利局于 2009 年 9 月 23 日以《关于 2009 年度北大港水库库区及移民安置区基础设施项目初步设计的批复》。工程建设项目 13 项，总投资 1079.45 万元。具体建设项目如下。

1. 北大港水库库区及安置区 2009 年基础设施项目一期工程道路工程

（1）新建太平镇乐福园小区道路硬化工程，长 297 米。

（2）小王庄镇前进路重建工程，长 4500 米。

（3）港西街沙井子三村农田道路硬化工程，长 2610 米。

（4）古林街上古林村道路硬化工程，长 300 米。

（5）薛卫台村道路硬化工程，长 836 米。

2. 北大港水库库区及安置区 2009 年基础设施项目一期工程机井工程

（1）太平镇刘庄村新打机井 1 眼，深 600 米。

（2）太平镇大苏庄村新打机井 1 眼，深 650 米。

3. 北大港水库库区及安置区 2009 年基础设施项目二期工程道路工程

（1）小王庄镇战备路重建工程，长 800 米。

（2）古林街马棚口二村道路硬化工程，长 500 米。

4. 北大港水库库区及安置区 2009 年基础设施项目二期工程沟渠开挖工程

港西街沙井子二村沟渠开挖工程清淤支沟 4226 米、斗沟 3324 米、毛沟 14818 米，新挖斗沟 12 条、长 3286 米，新挖毛沟 28 条、长 18948 米。

5. 北大港水库库区及安置区 2009 年基础设施项目二期工程机井工程

太平镇六间房村新打机井 1 眼，深 650 米。

6. 北大港水库库区及安置区 2009 年基础设施项目二期工程新建泵站工程

中塘镇新建泵站 1 座，流量为 2.5 立方米每秒。

7. 北大港水库库区及安置区 2009 年基础设施项目二期工程扬水站维修工程

太平镇远景二扬水站对泵房进行维修、新建管理用房、站区围墙维修、站区道路硬化、电机维修。

（二）2010 年度项目

2010 年度北大港水库库区及移民安置区基础设施项目。①工程可行性研究报告的批复：天津市发展和改革委员会于 2010 年 9 月 10 日以《关于 2010 年度北大港水库库区和移民安置区基础设施项目可行性研究报告的批复》。②工程初步设计的批复：天津市水务局于 2010 年 11 月 25 日以《关于 2010 年度北大港水库库区及移民安置区基础设施项目初步设计的批复》。工程建设项目 13 项，总投资 509.77 万元。具体建设项目如下。

1. 道路硬化工程

港西街西围堤道南延道路硬化工程，长 800 米，宽 6 米。

2. 农村排涝渠道清淤工程

（1）北排干渠清淤工程，清淤渠道长 3690 米。

（2）小王庄排河清淤工程，清淤渠道长 3400 米及新建三处涵。

（3）小王庄镇李官庄农排渠工程，新挖 310 米，清淤 290 米。

3. 机井工程

（1）太平镇前河村新打机井 1 眼，深 691 米。

（2）古林街马棚口一村新打机井 1 眼，深 609 米。

（3）中塘镇北台村维修机井 1 眼，更换潜水泵、洗井及井房维修。

4. 更新改造泵站工程

（1）中塘镇开发区新建泵站 1 座，流量为 0.5 立方米每秒。

（2）万家码头泵站维修：闸门拆除重建，泵房和机泵设备维修。

（3）刘岗庄泵站维修：增加卧式轴流泵设备 1 套，进行节制闸重建、泵房维修、进、出水池挡墙维修、操作平台维修。

（4）大道口泵站维修：进行机电设备更换、泵房屋顶维修和出水池拆除重建。

5. 闸涵更新改造工程

（1）重建向阳河与北排干相交闸：进行闸涵重建工程，对进口、出口八字墙和防冲板维修。

（2）北排干节制闸维修：闸门重建，更换挡墙上部砌砖结构，对挡墙下部浆砌石结构进行处理。

第七章

水法制建设

依法治水是水利可持续发展的根本保证。随着国家的水利法规日益完善和水法规体系逐步健全，大港区水法规体系建设不断加强，制定地方规范性文件，使执法更具有针对性和操作性，水行政执法力度也不断加大，一批水事纠纷、案件得到有效处置，为水利事业的发展起到了保驾护航的作用。

第一节　水政机构和队伍建设

一、水政机构

1988 年，《中华人民共和国水法》（以下简称《水法》）是中华人民共和国第一部《水法》，《水法》颁布后，大港区水政建设便提到议事日程上来。1989 年 12 月，大港区水利局水政科建立，定编为 2 人，标志着水政执法工作向规范化迈进。

1994 年 6 月 15 日，大港人民法院水利巡回法庭正式成立。水政执法工作在行政诉讼和行政处罚强制执行两个方面得到强化，以便更好地处理水事纠纷，保证水政部门有效行使权力打好基础。

1998 年 3 月，根据天津市水利局《关于建立水政监察专职执法队伍的通知》（津水政〔1998〕2 号）文件精神，经大港区政府第六届十六次常务会会议批准，以津港编字〔1998〕19 号文件批复，于 1998 年 9 月成立天津市大港区水政监察大队，由 19 名专职水政监察人员组成。

二、水政队伍

根据天津市水利局统一部署，1989 年 12 月，大港区水利局成立水政科，定编 2 人。1998 年 3 月成立大港区水政监察大队，由 19 名专职人员组成。大队长由大港区水利局局长兼任，政委由水利局党委书记兼任，副大队长由主管副局长兼任。根据大港区水行政执法工作实际，水政监察大队下设 5 个专职执法中队，分别是水政监察中队、水资源中队、排灌中队、河道中队、钱圈水库中队，大队部设在局机关，办公室设在水政科。

2009 年，根据水政监察工作的需要，组建了大港区水政监察直属队，抽调 13 名骨干执法人员组成水政执法队伍，使水政执法的快速反应能力得到很大的提高。

第二节　水法规体系建设

水法规体系的建立和完善，是水资源法律管理有效实施的关键环节。根据大港区政府和天津市水利局的统一要求，大港区水务局结合职责分工，对照所执行的法律、法规、规章反复进行了梳理、归纳，列举出行政执法主体、行政执法依据和每项具体行政执法职权及其依据的条款，完成水行政执法依据的梳理。

以《中华人民共和国水法》《中华人民共和国防洪法》《中华人民共和国水土保持法》《中华人民共和国水污染防治法》《中华人民共和国河道管理条例》《取水许可和水资源费征收管理条例》《天津市水利工程建设管理办法》《天津市实施〈中华人民共和国水法〉办法》《天津市河道管理条例》《天津市节约用水条例》为依据。为加强水资源管理和保护，促进水资源节约与合理开发利用，实现大港区水资源的统一管理，2007 年 2月 28 日，经报请大港区第八届人民政府第二次常务会议研究通过，制定下发《大港区加强地下水资源管理办法》，对全区的水资源合理开发、利用、保护、管理和有效控制地面沉降做出了明确规定，有力地推进了大港区依法治水进程。

2008 年 11 月至 2009 年 4 月，梳理行政处罚部分 5 项，即违法占用河道、违法取水、违法开凿机井、违法取土、违法占用堤防；行政许可部分 6 项，即取水许可，凿井许可，取土许可，供水资质许可，占用、穿越河道堤防许可，控沉许可；行政征收部分2 项，即依法征收水资源费、依法征收地下水资源费；行政强制 2 项，即责令停止违法行为、扣押违法工具。通过行政执法依据的梳理，进一步规范了水政执法的程序和职责，为贯彻执行国务院依法行政实施纲要和行政执法工作打下坚实基础。

第三节　法　制　宣　传

自 1988 年《中华人民共和国水法》颁布实施，在水法规的普及宣传上，大港区水务（水利）局采取创新宣传教育形式，组织经常性和定期性的社会教育活动，广泛利用报刊、电台、电视台进行宣传。为把《中华人民共和国水法》《中华人民共和国防洪法》《天津市节约用水条例》《天津市河道管理条例》等水法律法规贯彻到广大群众中去，提高全社会的水忧患意识和水法制意识，采取灵活多样群众喜闻乐见的方式，开展了多种形式的学习宣传活动。

一、社区宣传

水法制宣传需要社会各方力量的参与和支持，大港区水务局深入社区采用多种形式开展水法宣传。

1994年3月22日以"世界水日"和"中国水周"为契机，在大港区胜利商场门前，开展大规模的水法宣传活动。邀请区委、区政府和市水利局领导出席宣传活动，现场解答群众有关水法制方面的问题，发放宣传材料3000多份，展出展牌15块，制作横幅3条。

1995年3月26日，组织水政执法人员到大港区小王庄集市、太平村集市开展水法宣传下乡活动，宣传《中华人民共和国水法》《天津市水法实施办法》，展出展牌6块，发放宣传材料5000多份。

1998年3月22日，组织水政执法人员深入到大港区上古林乡马棚口一村、二村，太平村镇窦庄子村，翟庄子村，沙井子乡沙井子一等村、二等村、三等村宣传《中华人民共和国防洪法》《天津市河道管理条例》，展出展牌16块，发放宣传材料10000份。

1999年3月24日，组织水政执法人员到太平村镇、沙井子乡开展水法宣传活动，发放大港区政府《关于禁止在子牙新河等行洪河道内设障的通告》4500份，在乡镇村明显位置张贴500份，展出展牌9块。

2000年3月22日，在大港区世纪广场举行了声势浩大的水法宣传活动，天津市水利局、天津市水利局水政处、大港区区委、大港区政府、大港区法院、公安大港分局、区政府法制办20余名领导出席了活动仪式，展出展牌29块，制作横幅8条，发放宣传材料8000份，宣传布兜1000个，吸引过往群众10000多人。

2001年3月22日，在大港区世纪广场组织开展以"水务一体化"管理为重点的水法宣传活动，展出展牌12块，制作横幅8条，发放宣传材料10000份。

2003年3月22日，与北大港水库管理处联合在大港区世纪广场组织开展了水法宣传活动。天津市水务局、大港区委、大港区政府领导应邀出席宣传活动仪式，展出展牌20块，制作横幅10条，发放宣传材料13000份，宣传布兜2000个。

2006年3月22日，在大港区世纪广场，组织开展了以"节水在我身边，共建美好家园""落实科学发展观，建设节水型社会"为主题的水法制宣传活动。天津市水务局、大港区政府、天津市水务局节水中心领导出席活动仪式，现场就节约用水、节水灌溉等知识积极回答群众咨询，展出展牌 26 块，制作横幅 12 条，发放宣传材料 15000 份，宣传布兜 3000 个。

2007 年 3 月 22 日，与大清河处联合，在大港区世纪广场举办了以"加强节水减排、促进科学发展""节水全民行动，共建生态家园"为主题的水法宣传活动，展出展牌 16 块，制作横幅 9 条，发放宣传材料 6000 份，宣传布兜 1000 个。在此期间，还组织水政执法人员进企业、进学校、进社区、进农村、进服务业等系列宣传活动。

二、媒体宣传

1997 年 3 月 22 日，在大港区电视台开辟水法制宣传专栏节目，由副区长王强就贯彻落实《中华人民共和国水法》《中华人民共和国防洪法》等法律、法规发表电视讲话。并在黄金时段连续播放专题片《长缨在手缚蛟龙——大港区"96·8"抗洪纪实》，在全区引起了极大反响。

2005 年 3 月 22 日，在大港区世纪广场开展了以"保障饮水安全，维护生命健康"为主题的水法宣传活动。并在《大港报》设置水法制宣传专栏，开展为期 1 个月的"水法与我"有奖征文活动，吸引了社会各界的关注。

2008 年 4 月，在天津大港节水信息网站开辟了水法制宣传专栏，以新传播方式来推进水法制宣传工作的开展。

第四节　水　政　执　法

为提高水政监察人员的素质和执法能力，建立健全各项规章制度，先后制定了《水政监察支队、大队工作职责》《水政监察人员守则》《水政监察人员岗位职责》《水政监察人员行为规范》，明确了职责，规范了执法行为。

自 1991—2009 年查处各类水事违法案件 46 起，协助天津市水利局查处案件 8 起。

一、自查案件

1991 年 1 月，查处天津市造纸厂在独流减河滩地内挖池筑坝案，责令其停止违法行为，恢复河滩地原貌。

　　5月17日，河北省黄骅市歧口镇养虾联合体集资8万元，以污水影响养虾为由，在沧浪渠拦河打坝1条，其拦河坝高2米，坝长134米，边坡1∶3，顶宽7米，土方约4000立方米，另在河南新开1条导流沟，沟长250米，底宽4米，上口宽6～8米，基本无边坡，沟顶未平整碾压，沟中夹建1节制闸，两孔、单孔净宽2米，总净宽4米。

　　经水利部海委与河北省黄骅市、大港区政府多次协商，决定拆除此坝，河北省和大港区各拆一半，7月18—20日组织水政执法人员拆坝，受到黄骅市渔民的阻挠，7月28日大港区普降暴雨，加之上游沥水，污水下泄，上游齐家务乡官庄村漫溢受害，影响了大港区窦庄子、翟庄子近万名人民群众的安全。7月29—30日，拆除北侧拦河坝50米，使河水顺利下泄。

　　1993年5月，查处大港区上古林村村委会擅自在北围堤管理范围内挖贝壳沙案，责令其停止违法行为。

　　1994年4月，查处大港区大安村村民在马厂减河右堤管理范围内建房案，责令其停止违法行为，自行拆除违法建房。

　　1995年6月，查处河北省黄骅县歧口虾农在沧浪渠筑坝案，大港区防汛指挥部组织强制拆除，恢复沧浪渠原貌。

　　1995年10月，查处大港区南台村村民在马厂减河左堤管理范围内建房案，责令其停止违法行为，自行拆除违法建房。

　　1996年5月4日，查处大港区潮宗桥村村民阚永华擅自在马厂减河迎水坡建房案，责令其自行拆除。

　　1996年8月19日，查处大港区中塘镇薛卫台村村民田家祥擅自提开位于独流减河左堤的中塘泵站引水穿堤闸涵案，责令其按要求修复损坏的闸涵，并给予警告处罚。

　　1996年12月21日，查处大港发电厂擅自拆除独流减河防汛抢险道路上的铁路道口，断绝防汛抢险道路案，责令其按期自行修复阻断防汛抢险道路。

　　1997年5月1日，查处大港区窦庄子村村民、翟庄子村村民同河北省黄骅市杨各庄村村民、小孙庄村村民在沧浪渠修筑拦河坝案，大港区防汛指挥部组织强制拆除，恢复沧浪渠原貌。

　　1999年1月7日，查处大港区薛卫台村村民伙同天津市造纸厂在独流减河滩地内挖池筑坝案，责令其停止违法行为，恢复河滩地原貌。

　　2000年10月22日，查处大港区太平村村民窦从江擅自在子牙新河滩地内建房案，责令其拆除违法建房，恢复河滩地原貌。

　　2001年12月5日，查处大港区太平镇郭庄子村委会擅自打井取水案，罚款5000元并责令补办有关手续。

　　2002年6月，依法查处太平镇郭庄子村擅自打井取水、马棚口一村村民擅自挖池筑坝、中塘镇南台村违章建房 3 起水事违法案件，挽回经济损失 200 多万元。

2002 年 7 月 17 日，查处大港区中塘镇黄房子村村民郑玉栓、赵清云、龙玉河、姚家林、郭德祥、郭德安、韩庆生擅自在马厂减河右堤外坡脚河道管理范围内建房案，申请大港区法院强制拆除。

2003 年 4 月，查处大港区天成化工厂擅自打井案，罚款 2000 元并责令补办了有关手续。

2003 年 5 月，依法查处马棚口一村、二村私自在子牙新河滩地违章筑埝。

2003 年 6 月，对独流减河内 313.33 公顷苇障、阻水养鱼网箱、阻水渔具、河滩临建窝棚及其他阻水障碍物依法进行清除，确保了行滞洪区内畅通，维护了水法制秩序。

2004 年 3 月，依法查处马棚口一村村民在青静黄排水渠右堤偷土案，挽回经济损失 60 余万元。

2004 年 9 月 1 日，查处大港区曙光里居民窦书海在北排河管理范围内违法建设小沥青厂案，责令其停止违法行为，拆除小沥青厂，恢复河道原貌。

2005 年 9 月 16 日，查处大港区太平镇刘庄加油站擅自打井案，责令限期按要求回填，并恢复原貌。

2006 年 8 月 23 日，查处北京鑫旺路桥建设有限公司擅自在大港区太平镇港中路北侧打井案，在大港区水务局技术人员现场监督下按技术要求实施了回填。

2006 年 10 月 18 日，查处大港区太平镇翟庄子村村民赵洪学在沧浪渠内擅自设置阻水渔具案。按要求限期拆除了阻水渔具，经河道管理人员验收合格。

2007 年 4 月 3 日，依法对河北省新河基础工程有限责任公司在大港区港中路未经批准擅自打井取水的违法行为进行调查，责令其立即停止违法行为。

2007 年 5 月，对太平镇窦庄子村村委会在子牙新河河滩地内未经批准擅自挖鱼池的违法行为进行调查，责令其立即停止违法行为，补办了审批手续。

2007 年 6 月，依法对古林街马棚口二村村委会在青静黄排水渠管理范围内未经批准擅自破坏河堤修建引水工程的违法行为进行调查，责令其立即停止违法行为，恢复了河堤原状。

2007 年 8 月，依法对滨海供电公司大港分公司在荒地排河管理范围内未经批准擅自修建输电工程的违法行为进行调查，责令其立即停止违法行为，补办了审批手续。

2007 年 8 月，对大港区个体户刘绍松在八米河河堤上未经批准擅自取土的违法行为进行调查，责令其立即停止违法行为，恢复堤防原状。

2007 年 8 月，查处中铁十八局在北围堤三号房子处擅自打井取水，已责令回填。

2007 年 9 月，查处马棚口边防派出所擅自在青静黄海挡修路案，补办了审批手续。

2007 年 10 月，查处翟庄子村民擅自在兴济夹道河左堤河道管理范围内修建围墙案，责令其立即停止违法行为，并拆除违法建筑。

2007年10月，查处翟庄子村委会在北排河左堤河道管理范围内取土案，责令其立即停止违法行为。

2007年11月，查处大道口邓金刚食品厂擅自打井案，责令其按规定办理审批手续。

2008年3月13日，依法查处通达源物流配送有限公司未经批准擅自打井案，责令其立即停止违法行为，封填机井。

2008年4月，依法对小王庄镇政府未经审批擅自在青静黄打坝修钱顺路的违法行为进行调查，责令其补办审批手续。

2008年4月，依法制止马二村村民王树来、王树森在青静黄滩地内擅自挖池筑埝案，责令其立即停止违法行为，自行恢复河道原貌。

2008年6月，依法查处有山化工厂未经批准擅自打井案，责令停止违法行为，办理相关审批手续。

2008年9月，依法制止中塘镇十九顷村民顾孟国在十米河擅自修筑阻水坝埝，责令其自行恢复河道原貌。

2008年11月，依法制止天津石化百万吨乙烯十六项目部擅自在十米河修筑跨水物料供应管道，责令其补办审批手续。

2009年3月，依法制止天津大港新泉海水淡化有限公司擅自在荒地排河滩地内埋设供水管道。

2009年4月，依法制止上古林村民王云水擅自在板桥河河道管理范围内修筑鱼池。

2009年4月，依法制止上古林村民谢金柱擅自在荒地排河防潮闸右侧修筑阻水坝埝。

2009年5月14日，组织大港区法制办、大港区法院、公安大港分局、古林街办事处等有关单位出动机械4台、车辆8台，执法人员30多名，对青静黄排水渠入海口的违法虾池和阻水坝埝进行强制拆除，经过一天的努力，共清除违法虾池6.67多公顷，阻水坝埝5000多米。

2009年8月，查处中塘镇大港天成化工厂、中塘镇鑫泰化工厂违法打井取水案件，对4眼违法机井进行了封填。

2009年10月，查处天津市南港工业区开发有限公司未经许可擅自打井取水案，责令南港工业区补办审批手续并补交水资源费。

2009年12月，查处1起私自将供热管线与饮水管线连接案件，对当事人提出批评教育，并责令其改正。

2009年12月23日，会同区法制办、区法院、公安大港分局、古林街办事处等有关单位出动机械 20 台、车辆 8 台，公安干警、武警、法警 20 余名，水政执法人员 30 名，对青静黄排水渠入海口的违法虾池和阻水坝埝进行强制拆除，经过两天一夜的奋战，共清除违法虾池 13.33 公顷，阻水坝埝 10000 多米，动土方 3 万多立方米，恢复了河道原有功能。

二、协查案件

1991—2009 年，协助天津市水利局（水务局）查处 8 起水事违法案件。

1998 年 5 月，协助天津市水利局查处大港油田集团公司擅自在子牙新河行洪道内打井施工案，责令其按规定补办手续。

1999 年 3 月 3 日，协助市水利局查处大港区古林街马棚口一村村民刘凤茹、王昌江在子牙新河河滩地内挖池筑坝案，责令其拆除违法建筑，恢复河道原貌。

1999 年 5 月 16 日，协助市水利局查处马棚口二村村民郭庆平、王树群擅自在子牙新河滩地内挖池筑坝案。

2005 年 12 月，协助市水利局查处大港区上古林街马棚口一村村委会擅自在子牙新河滩地内修建盐场案。

2005 年 12 月 9 日，协助市水利局查处大港区上古林街马棚口一村村委会擅自在子牙新河滩地内挖池筑埝案。

2006 年 4 月，协助市水利局查处大港区上古林街马棚口一村在子牙新河河堤擅自取土案件。

2008 年 11 月，协助市水利局查处中塘镇薛卫台村村民刘栋在独流减河滩地私自取土案。

2009 年 8 月，协助市水务局查处上古林街马棚口一村村民程如挺在子牙新河入海口私自修筑坝案。

第八章

机构与队伍建设

大港区水利局始建于 1980 年 3 月 13 日，设机关科室 6 个，基层单位 3 个，机关人员仅有 10 余人，全局干部职工不足 60 人，主要职责是负责全区的防汛抗旱、农田水利基本建设，服务的重点是农村。随着水利国民经济基础地位的不断加强，水利服务职能的不断延伸，队伍不断充实扩大。至 2009 年，全局干部职工已达到 202 人，服务面已拓展到大港城乡的方方面面。

第一节　机　构　设　置

一、机构沿革

1991 年，大港区水利局设有人事科、财务科、机井科、水管科、综合经营科、防汛科、水政科、工程科、办公室。基层单位有钱圈水库管理所、河道管理所、排灌管理站。

1993 年 12 月 1 日，经区政府常务会议研究决定，将区水产局渔苇管理所划归大港区水利局管理。

1993 年 3 月，为提高机关办事效率和工作质量，局机关科室合署办公，当时只设行政科、业务科和综合经营科。5 月，经区政府批准 7 个乡镇水利站全部划归所在各乡镇管理。

1995 年，成立大港水厂，为大港区水利局下的事业单位。

1997 年，大港区实施机构改革和公务员过渡。为执行"三定"政策（定机构、定编制、定人员），大港区水利局机关内部重新布置和组合，设有人事科、财务科、工程规划科、防汛科、水政科、水利管理科、综合经营科、土地资源管理办公室、地下水资源办公室和办公室，即 10 个科室。基层单位有钱圈水库管理所、河道管理所、排灌管理站、大港供水厂、渔苇管理所、水利工程公司、振津土方公司、水利服务公司、汽车修理厂。

2001 年 2 月，大港区水利局改名为大港区水务局，设置 2 室 6 科，即局办公室、地下水资源管理办公室、人事科、财务科、水利工程管理科、防汛科、水政科，综合经营科。局辖 9 个基层单位，即河道管理所，渔苇管理所，钱圈水库管理所，大港水厂，水利工程公司，振津土方公司，水利服务公司，排灌管理站，迎新综合市场。2001 年大港区水务局机关机构设置见表 8-1-32。

表 8-1-32　　　　　　**2001 年大港区水务局机关机构设置表**

单位名称	工 作 职 能
局办公室	协调督办机关日常工作；负责机关文电、信息、会务、保密、档案等工作；承担机关重要文件起草、文件审核及车管工作
地下水资源管理办公室	制定本年度工作计划并组织实施；负责地下水资源开发、利用、评价、保护、取水许可制度等工作；负责地资办节水办工作及农村饮水解困工程
人事科	负责干部职工的人事管理工作；负责局党务和保密工作；负责全局精神文明建设工作；负责纪检监察工作；负责共青团、计划生育、妇联工作；负责人事工资管理及计划生育工作；负责全局干部、职工培训工作；负责全局离、退休人员工资福利及管理工作
财务科	负责制定财务制度，编制年度财务预算、决算工作；负责基层领导干部离任审计和内部审计工作；负责固定资产的管理工作；负责局所属单位财务管理的检查、指导工作
水利工程管理科	制定本科年度工作计划并组织实施；组织制定本区农田水利建设规划、计划、水利基建工程年度安排计划并实施；负责市、区财政小农水资金计划拟定，申报立项、请示和组织安排小农水工程质量验收及资料归档工作；负责本区水利工程质量监督管理及工程设计标准化和定额管理；负责全区农村排涝抗旱工作，并指导乡镇水利站的工作；负责全区小型水利工程产权制度改革工作
防汛科	负责区防汛办日常工作，制定全区防汛、防潮规划及本科年度工作计划并组织实施；负责制定本区防汛、防潮各项工作预案及实施；负责本区行、滞洪区安全建设管理并组织实施；负责全区防洪、防潮工程的立项、施工、组织管理、竣工验收工作；协调办理引、蓄、调水事宜
水政科	组织制定本局水政工作年度计划及本科年度工作计划并组织实施；组织落实本系统法律、法规的宣传、教育及普及工作，组织研究水利行业政策、法规和地方性文件的起草；负责组织调解水事纠纷，查处水事违法案件，依法监察水行政收费工作；负责本区水政监察队伍的管理和水行政应诉工作
综合经营科	组织制定本局水利经济发展总体规划和年度经济工作目标计划、年终绩效考核工作；负责新建项目的调研论证、立项、报批工作和新建项目的核算管理；管理监督基层单位综合经营，掌握全局经营发展概况建立合理的经济结构；负责全局水利综合经营情况的统计上报工作；负责全局基层单位证照的审验，合同制订把关

2009 年，大港区水务局机关设有 3 室 5 科，即：党办、局办公室、地下水资源管理办公室、财务科、水利工程管理科、防汛科、水政科、人事科。局辖 7 个基层单位，即：河道管理所、渔苇管理所、钱圈水库管理所、大港供水站、排灌站、物资站、节约用水管理中心。

二、机构改革

为进一步推进水务一体化管理进程，大港区水务局把水资源的统一规划和管理提上重要的议事日程，从解决职能交叉的矛盾、改变政出多门的状况入手，本着"平稳过渡，逐步完善"的原则，2000 年 11 月，拟制了机构设置、职能划分、管理原则等实施方案，为水务一体化管理的顺利启动做好充分准备。2001 年 3 月 10 日，随着大港区水务局挂牌成立，标志着全区水务一体化管理迈出了实质性的一步，也标志着大港区水资源管理向规范化管理的转变及行业职能的进一步理顺。

（一）水利行政管理单位改革

1997 年，根据区委、区政府印发关于《大港区水利局职能配置、内设机构和人员编制方案》的通知，大港区水利局机关职能配置、内设机构和人员编制进行相应调整。

1. 机构主要职责

大港区水利局是区政府水行政主管部门。主要职责如下：

（1）贯彻执行国家和市、区有关水利工作的方针、政策，贯彻实施《中华人民共和国水法》《中华人民共和国水土保持法》《中华人民共和国防汛条例》《中华人民共和国河道管理条例》和《天津市实施〈中华人民共和国水法〉办法》等法律、法规，研究拟定地方性水规章制度，健全水行政执法和管理体系，查处违反《中华人民共和国水法》及相关法律、法规的行政案件，实行依法监督和管理。

（2）组织编制全区农村水利发展规划和开发利用水资源、跨乡镇水利工程、防洪除涝、农村水利等综合规划、专业规划及年度计划。

（3）依据《天津市实施〈中华人民共和国水法〉办法》，统一管理全区农村的水资源及统一实施取水许可制度，做好水资源的调查、评价、管理、监督和保护工作。

（4）负责全区防汛、抗旱、防海潮工作，并负责区防汛抗旱指挥部的日常工作。

（5）统一管理、调度本区农村水资源以及调入的水源，制订供水计划，进行水质监测，负责农村节约用水工作。

（6）主管水利科技、水利工程的勘测设计、水文资料和对外水利技术合作与交流，主管水利新技术推广与水利科技队伍培训。

（7）负责全区农田水利建设与管理，对乡镇水利管理站实行业务指导。

（8）负责全区农村水利工程建设的行业管理、质量监督和水利资金的安排使用与监督管理。

（9）主管全区河道、堤防、水库、国有扬水站、蓄滞洪区、海挡等水利工程设施的建设和管理。

（10）对全区水利经济和综合经营实行行业指导和管理。

（11）负责全区土资源的收费工作。

（12）负责大港水厂的管理工作。

（13）负责协调大港城区的防汛工作和城区雨排总站的管理工作。

（14）承办区委、区政府交办的其他工作。

2. 机构设置

根据上述职责，大港区水利局设 10 个职能科室。

（1）办公室。

负责机关行政事务、后勤管理、文秘、综合统计、行政复议、行政诉讼及应诉工作；负责全局内保、消防管理、信访、工会、计划生育工作；负责全局离岗人员的审计工作。

（2）人事科。

负责全局工作人员的调配、职务任免、工资福利、考核、教育培训、职称评定和离退休人员的管理工作；负责组织、统战、纪检和宣传以及信访、监察工作；负责共青团、妇联工作。

（3）财务科。

负责局机关及局直属单位财务、会计管理工作；负责各项水利资金的预算、核算、决算工作；对水利国有资产实施监督管理；负责财务人员法律、法规的培训工作。

（4）工程规划科。

负责编制全区水利规划，水利建设工程设计标准化和定额管理；负责水利基建项目的可行性研究，勘测、设计、施工、项目管理和质量监督；负责水利科技档案管理和水利学会工作。

（5）水利管理科。

组织实施全区农田水利工程的勘察、规划、设计及施工管理、质量监督；负责农田水利基本建设方案的制订和协调指导工作；组织协调全区农田抗旱、排涝工作；负责农田水利工程（闸涵、泵站、主要干渠、水库）的管理保护，以及相应的维修、更新、加固等工程项目的管理工作；负责对各乡（镇）水利站进行业务指导及农田水利基本建设统计、资料汇编、档案管理工作。

（6）地下水资源管理办公室。

负责对全区农村地下水资源管理，编制地下水资源的开发、利用、保护、综合规划，制定长期供水计划和水量分配方案；统一对农村地下水资源保护实施监督管理；实施取水许可制度和征收水资源费；审查开发利用农村地下水资源的工程实施方案。

（7）防汛科。

负责防汛办公室日常工作，制定全区防御洪水和抗旱各项预案；组织防汛检查工作；负责防汛通讯联络工作，及时发布水情预报、警报、公报，实施防汛抗旱调度；会同有关部门做好防汛抗旱物资的准备、管理和专项资金的使用；负责蓄、滞洪区内新建、改建、扩建项目的审批，并组织蓄、滞洪区安全建设；负责辖区内海挡建设与管理，制定防海潮护抢险方案，并组织实施。

（8）水政科。

负责《中华人民共和国水法》等法律、法规的宣传、教育、普及和普法工作；负责水利行业政策、法规的研究和地方性文件的起草工作；负责水行政执法、监督检查和应诉工作；调解水事纠纷、查处水事案件，依法监督收费；负责水政监察队伍的管理工作。

（9）综合经营科。

编写全区水利发展总体规划，对水利经济和综合经营实行行业管理；协调指导局直属单位和企业开展综合经营，负责重点项目的调研认证、立项审批工作；制定综合经营管理规定，做好服务工作。

（10）土地资源管理办公室。

认真执行《中华人民共和国土地管理法》和《天津市取土管理规定》，负责全区土资源的统一管理，查处随意取土，乱挖乱掘土地、堤埝、道路，破坏城市规划和农田水利设施的违法行为，按照国家有关规定，合理收取土资源管理费用，合理开采利用土资源，为全区经济发展和城乡建设服务。

3. 人员编制和领导职数

大港区水利局行政编制 37 名，工勤事业编制 5 名。其中局长 1 人，副局长 3 人，正副科长 12 人。

三、水利工程管理单位体制改革

2008 年，随着大港区经济和城市建设的迅速发展，大港区水务局所属河道管理所、排灌站、钱圈水库管理所、渔苇管理所承担的工作任务不断增加，为了保证水利工程的安全运行，充分发挥水利工程的效益，促进水资源的可持续利用，根据《国务院办公厅转发国务院体改办关于水利工程管理体制改革实施意见的通知》及《天津市人民政府批转市水利局、市发展改革委、市财政局、市编办拟定的天津市水利工程管理体制改革实施方案的通知》精神和有关要求实施大港区水利工程管理单位体制改革。

（一）改革范围

大港区河道管理所、排灌管理站两个水管单位所管理的水利工程承担着大港区防洪、排涝、蓄水任务，属第一类水管单位，为纯公益性水管单位，定性为事业单位。钱圈水库管理所、渔苇管理所两个水管单位所管理的水利工程兼有防洪、排涝公益性任务，又有供水、养殖经营性功能，属第二类水管单位，为准公益性水管单位。

（二）定编定岗

改革后不增加人员编制，根据各有关单位自然减员情况逐步消化超编人员和享受待遇人员。改革前，4 个单位共有在岗人员 135 人；改革后，大港区编办下达编制 111 名，核编 114 人，享受待遇的聘用毕业生 10 人，享受待遇复员退伍安置 4 人，聘用毕业生 7 人。

（三）资金来源

河道管理所、排灌管理站职工和退休人员的人员经费、公用经费应由区财政全额拨付。钱圈水库管理所、渔苇管理所测算其经营收入情况，由区财政差额拨款。经测算，河道管理所等 4 个单位年拨付经费 542.49 万元。

大港区管水利工程维修养护经费根据工程实际需要由区水务局向区政府上报年度计划，经批准后拨付。

2008 年，根据国务院和市政府的要求，大港区水务局完成了河道管理所、排灌管理站、渔苇管理所和钱圈水库管理所 4 个基层事业单位的水管单位体制改革工作，进一步明确了水管单位的事业性质，确定了经费来源渠道，严格了岗位编制，稳定了职工队伍。

四、体制变革

2009 年 10 月 21 日，国务院批复同意天津市调整部分行政区划，撤销塘沽区、汉沽区、大港区，设立天津市滨海新区。2010 年 1 月 11 日，天津市滨海新区政府挂牌。

滨海新区政府成立后，组建了 19 个委办局，原建委、交通局、水务局、人防办公室合并组成为滨海新区建设和交通局。2010 年 11 月 29 日，滨海新区区委、区政府《关于区建设和交通局塘沽、汉沽、大港分局内设机构和人员编制的批复》，确定成立滨海新区建设和交通局塘沽分局、汉沽分局、大港分局，相关印鉴于 2010 年 11 月 29 日正式启用。

自此，原大港区建委、大港区交通运输管理局、大港区水务局、大港区人防办公室合并为天津市滨海新区建设与交通大港分局。合并后，大港区水务局更名为"滨海新区水务局大港分局",业务范围保持不变,水务分局领导班子保持不变,水务分局局长兼任建交分局副局长、党委书记兼任建交分局党委副书记,保留防汛科、水政水资源科、水利工程管理科 3 个业务科室。

第二节　队　伍　建　设

大港区水利局是区政府的主要行政部门之一,自 1983 年组建以来,兴水利、除水害,有力地促进了大港区农业的发展。随着水务一体化进程的推进,尤其是 2001 年更名为大港区水务局后,服务范围进一步扩大,机构设置更加科学合理、水务队伍建设进一步加强,到 2010 年,干部职工已从建局时的 60 人扩大到 202 人,职工素质、文化程度、技术能力与建局初期已不可同日而语。水务队伍建设的加强和提高为促进大港区经济发展和社会稳定提供了强有力的支撑。

一、党组织建设

1991—1998 年,大港区水利局设党组,党组书记由局长兼任。随着水利队伍的不断扩大,为加强水利局党组织的力量,1998 年 4 月,经中共天津市大港区委员会决定,成立中共天津市大港区水务局委员会,设专职党委书记。同时,下设的 5 个支部人员配备整齐、职责明确,充分发挥了基层领导核心的作用,为大港区水利事业的发展提供了组织保障。1998—2009 年大港区水利(水务)局党委成员变更情况和 1991—2009 年大港区水利(水务)局基层党支部成员变更情况见表 8 - 2 - 33 和表 8 - 2 - 34。

表 8 - 2 - 33　　**1998—2009 年大港区水利(水务)局党委成员变更情况表**

年份	党委书记	党委副书记	党委成员
1998	董纪明	孙正清	张金鹏、高振贵、张秀启
2000	董纪明	孙正清	张金鹏、张秀启
2001	高振贵	孙正清	段秀柱、元绍峰
2007	高振贵	孙正清	段秀柱、夏广奎、王星堂
2008	杨志清	左凤炜	夏广奎、王星堂、许金强
2009	胡庆鹏	左凤炜	夏广奎、王星堂、许金强

表 8-2-34　**1991—2009 年大港区水利（水务）局基层党支部成员变更情况表**

单位	年份	支部书记	组织委员	宣传委员
河道管理所支部	1993	张义仁	夏广奎	滕吉瑞
	2003	王绍森	滕国枝	滕吉瑞
	2005	滕国枝	潘仲臣	田身靖
	2009	窦贺祥	潘仲臣	田身靖
钱圈水库管理所支部	1984	李道成	靳景春	左凤桐、王松林、张炳义
	1993	王松林	张炳义	高向明
	2002	潘仲臣	郭庆桥	刘立铨
	2008	乔润祥	郭庆桥	韩友君
	2009	韩友君	郭庆桥	刘立铨
渔苇管理所支部	1996	王绍森	李树槐	顾行发
	2003	窦华杰	李树槐	顾行发
	2004	窦华杰	顾行发	李宝刚
	2006	窦华杰	李宝刚	胡志波
	2008	李冬明	窦华杰	李宝刚
节水中心支部	2005	于建国	徐廷云	马旭丽
大港供水站支部	1995	于连友	刘金榜	王金喜
	2001	孙宝东	吴金红	刘玉基
	2002	王松林	吴金红	刘玉基
	2004	刘云岗	吴金红	袁　刚
	2008	柳育松	刘玉基	袁　刚

二、领导干部更迭

1991—2009 年大港区水利（水务）局领导干部更迭情况见表 8-2-35。

表 8-2-35　　　　**1991—2009 年大港区水务（水利）局领导干部更选表**

局长	副局长	任职时间	备注
刘捷清		1991 年 1 月至 1997 年 12 月	退职休养
	信世恒	1993 年 9 月至 1995 年 6 月	调任物价局局长
	王其凤	1993 年 2 月至 1994 年 3 月	调任胜利街书记
孙正清		1998 年 4 月至 2007 年 12 月	调任农委书记
	张秀启	1996 年 11 月至 2001 年 8 月	调任中塘镇镇长
	张金鹏	1997 年 6 月至 2001 年 12 月	退休
	元绍峰	2000 年 10 月至 2005 年 8 月	调任港西街办事处主任
	段秀柱	2001 年 12 月至 2008 年 9 月	离职休养
	夏广奎	2003 年 1 月至 2009 年	
	王星堂	2005 年 7 月至 2009 年	
左凤炜		2007 年 12 月至 2009 年	
	许金强	2008 年 9 月至 2009 年	

三、职工队伍

大港区水利队伍经历了不断发展壮大的过程。1980 年建局时，大港区水利局共有干部职工 60 人，其中机关 8 人，基层单位 52 人。1991 年，大港区水务局共有干部职工 113 人，其中机关 51 人，基层单位 62 人。2001 年，大港区水务局共有干部职工 185 名，其中处级干部 7 名（书记 1 名，局长 1 名，副局长 2 名，助理调研员 3 名）科级干部 25 名，科员 17 名，专业技术人员 25 名，工人 111 名。2009 年，全局共有职工 222 名，行政干部 56 名，其中处级干部 7 名（书记 1 名，局长 1 名，副局长 3 名，调研员 1 名，助理调研员 1 名）。科级干部 39 名，其中局机关科级干部 20 名（正科长 9 名，副科长 2 名，主任科员 5 名，副主任科员 4 名），下属基层科级干部 19 名，科员 10 名，技术干部 6 名，工人 95 名。1991—2009 年大港区水利（水务）局干部职工统计见表 8-2-36。

表 8-2-36　　　**1991—2009 年大港区水务（水利）局干部职工统计表**

年份	干部职工人数	年份	干部职工人数
1991	113	2001	185
1992	121	2002	195
1993	201	2003	208
1994	195	2004	189
1995	203	2005	195
1996	192	2006	213
1997	189	2007	210
1998	188	2008	203
1999	187	2009	222
2000	192		

四、先进集体与先进个人

1991—2009 年大港区水务（水利）局及下属单位多次受到市级以上表彰，123 人次获得市级以上先进个人表彰。

1991—2009 年大港区水务（水利）局获市级以上先进集体统计和 1991—2010 年大港区水务（水利）局获市级以上先进个人统计见表 8-2-37 和表 8-2-38。

表 8-2-37　　　**1991—2009 年大港区水务（水利）局获市级以上先进集体统计表**

获奖单位	获奖年份	获奖名称	发证单位
水利局	1991	天津市防汛抢险先进集体	天津市政府
水利局	1995	天津市防汛工作先进集体	天津市政府
水利局	1996	天津市防汛抗洪抢险先进集体	天津市政府
渔苇所	1997	天津市"八五"立功先进集体	天津市总工会
水利局	1997	水政工作先进集体	天津市水利局
水管科	1998	天津市模范集体	天津市政府
水利局	1998	信息工作先进单位	天津市水利局

续表

获奖单位	获奖年份	获奖名称	发证单位
水利局工会	1998	模范职工之家	天津市总工会
渔苇所	1999	天津市"九五"立功先进集体	天津市总工会
水利局	1999	水利系统文明单位	天津市水利局
河道所	1999	水利系统文明单位	天津市水利局
水利局	2000	天津市北水南调工程建设突出贡献奖	天津市政府
水利局	2000	市级文明机关	天津市精神文明建设委员会
水利局工会	2000	先进职工之家	天津市总工会
河道所	2001	天津市"十五"立功先进集体	天津市总工会
渔苇所	2001	1999—2000年度水利系统精神文明建设先进单位	中共天津市水利局委员会
水务局	2002	2001—2002年度天津市水利系统精神文明建设文明单位	中共天津市水利局委员会
水务局	2003	天津市政府引滦入津20周年保护饮用水安全先进单位	天津市政府
河道所	2003	天津市"十五"立功先进集体	天津市总工会
河道所	2003	天津市新长征突击队	天津市总工会
供水厂	2003	青年文明号	共青团天津市委员会
水务局	2003	天津市劳动工资统计先进单位	天津市水利局
河道所	2003	2002—2003年度天津市水利系统文明闸站（所）	中共天津市水利局委员会
水利工程公司	2003	2002—2003年度水利工程建设先进集体	天津市水利局
水务局	2004	天津市"十五"期间防汛抗旱工作先进集体	天津市政府
水务局	2004	天津市农村饮水解困工作先进集体	天津市委、市政府

续表

获奖单位	获奖年份	获奖名称	发证单位
水利工程公司	2004	天津市农村饮水解困 工作先进集体	天津市委、市政府
供水厂	2004	2004 年度天津市青年文明称号	共青团天津市委员会
水务局	2004	水利统计工作先进单位	天津市水利局
水管科	2004	天津市农村水利工作 先进集体	天津市水利局
地下水资源 管理办公室	2005	2004 年度地下水资源 保护工作先进单位	天津市水利局
排灌站	2005	2004—2005 年度天津市水利 系统文明闸站（所）	中共天津市水利局委员会
河道所	2005	2004—2005 年度天津市水利 系统文明闸站（所）	中共天津市水利局委员会
水务局	2006	2001—2005 年度天津市普法 依法治理工作先进集体	天津市政府
水务局	2006	交通安全先进集体	天津市交通安全办公室
水利工程公司	2006	交通安全先进集体	天津市交通安全办公室
水务局	2006	天津市节约用水管理 先进集体	天津市水利局
水务局	2006	水利国有建设单位财务决算 先进单位	天津市水利局
水务局	2007	2006 年度天津市水利系统 优秀信息宣传工作单位	天津市水利局
水务局	2008	2007 年度天津市水利系统 优秀信息宣传工作单位	天津市水利局
渔苇所	2008	2006—2007 年度天津市水利 系统文明闸站（所）	中共天津市水利局委员会
节约用水事务 管理中心	2008	2006—2007 年度天津市水利 系统文明闸站（所）	中共天津市水利局委员会
节约用水事务 管理中心	2009	青年文明号	共青团天津市委员会
供水站	2009	2008—2009 年度天津市水务 系统文明闸站（所）	中共天津市水务局委员会

表8-2-38 **1991—2010年大港区水务(水利)局获市级以上先进个人统计表**

获奖个人	获奖年份	荣誉称号	发证单位
刘庆启	1991	全国防汛抢险先进个人	国家防汛总指挥部
夏广奎	1991	水利部质量监督总站质量监督先进个人	水利部
刘捷清	1991	天津市防汛抢险先进个人	天津市政府
李峰瑞	1991	天津市农业区划先进工作者	天津市农业局
张秀启	1991	天津市水利系统工程管理先进个人	天津市水利局
孙正清	1992	天津市科教兴农先进工作者	天津市政府
孙正清	1993	天津市科教兴农先进工作者	天津市政府
刘捷清	1995	天津市防汛工作先进个人	天津市政府
刘培堂	1995	天津市防汛工作先进个人	天津市政府
刘芝元	1995	天津市防汛工作先进个人	天津市政府
刘捷清	1995	天津市"八五"立功奖章	天津市总工会
刘捷清	1996	天津市防汛抗洪抢险先进个人	天津市委、市政府
孙正清	1996	天津市防汛抗洪抢险先进个人	天津市委、市政府
张秀启	1996	天津市防汛抗洪抢险先进个人	天津市委、市政府
刘振福	1996	天津市防汛抗洪抢险先进个人	天津市委、市政府
刘培堂	1996	天津市防汛抗洪抢险先进个人	天津市委、市政府
路文杰	1996	天津市防汛抗洪抢险先进个人	天津市委、市政府
刘捷清	1996	天津市"八五"立功奖章	天津市总工会
王绍森	1996	天津市"八五"立功奖章	天津市总工会
贾发勇	1997	天津市科教兴农先进个人	天津市政府
窦华杰	1997	天津市"九五"立功奖章	天津市总工会
刘捷清	1997	天津市"九五"立功奖章	天津市总工会
王绍森	1998	天津市"九五"立功奖章	天津市总工会
刘捷清	1998	天津市"九五"立功奖章	天津市总工会
荣培吉	1998	地下水资源管理先进个人	天津市水利局
孙宝东	1998	天津市水利系统优秀信息工作者	天津市水利局

获奖个人	获奖年份	荣誉称号	发证单位
宋内花	1998	水利经济统计工作先进个人	天津市水利局
元绍峰	1999	安全生产先进个人	水利部
王绍森	1999	天津市优秀共产党员	天津市政府
穆素华	1999	水利系统文明标兵	中共天津市水利局委员会
元绍峰	1999	水利系统文明标兵	中共天津市水利局委员会
段凤芝	1999	水利系统文明标兵	中共天津市水利局委员会
窦华杰	1999	水利系统文明标兵	中共天津市水利局委员会
宋内花	1999	水利经营统计工作先进个人	天津市水利局
唐金清	2000	天津市北水南调工程建设突出贡献奖	天津市政府
梁子扬	2000	天津市北水南调工程建设突出贡献奖	天津市政府
窦华杰	2000	天津市"农村优秀人才"	天津市人事局 天津市农委
夏广奎	2000	天津市"九五"立功奖章	天津市总工会
元绍峰	2000	天津市"九五"立功奖章	天津市总工会
王金洪	2000	水政工作先进个人	天津市水利局
徐廷云	2000	水政工作先进个人	天津市水利局
王书如	2000	水政工作先进个人	天津市水利局
强万兰	2000	天津市水利系统劳资统计工作先进工作者	天津市水利局
夏广奎	2000	水利基建工作先进个人	天津市水利局
元绍峰	2000	水利基建工作先进个人	天津市水利局
贾发勇	2000	水利基建工作先进个人	天津市水利局
徐廷云	2001	天津市引黄济津工作先进个人	天津市委、市政府
滕吉瑞	2001	天津市引黄济津工作先进个人	天津市委、市政府

续表

获奖个人	获奖年份	荣誉称号	发证单位
孙正清	2001	天津市引黄济津工作先进个人	天津市委、市政府
张秀启	2001	天津市引黄济津工作先进个人	天津市委、市政府
吴英海	2001	天津市引黄济津工作先进个人	天津市委、市政府
孙宝东	2001	天津市优秀共青团干部	共青团天津市委员会
王绍森	2001	1999—2000年度天津市水利系统精神建设文明标兵	中共天津市水利局委员会
强万兰	2001	天津市水利系统劳动工资统计工作先进个人	天津市水利局
滕吉瑞	2001	科技兴水先进个人	天津市水利局
张秀启	2001	科技兴水先进个人	天津市水利局
窦华杰	2001	科技兴水先进个人	天津市水利局
吴英海	2001	科技兴水先进个人	天津市水利局
孙正清	2002	天津市社会治安综合治理先进个人	天津市社会治安综合治理委员会
		天津市水利系统精神文明建设文明标兵	中共天津市水利局委员会
刘振福	2002	天津市水利系统精神文明建设文明标兵	中共天津市水利局委员会
王书如	2002	2001—2002年度天津市水利系统水政工作先进个人	天津市水利局
吴英海	2002	2001—2002年度天津市水利系统水政工作先进个人	天津市水利局
夏广奎	2002	2001—2002年度天津市水利系统水政工作先进个人	天津市水利局
孙正清	2003	天津市政府引滦入津20周年保护饮用水安全先进个人	天津市政府
刘振福	2003	天津市引滦入津20周年保护饮用水安全先进个人	天津市政府
孙宝东	2003	天津市引滦入津20周年保护饮用水安全先进个人	天津市政府
孙正清	2003	天津市综合治理先进个人	天津市政府综治办
吴英海	2003	水利系统水政工作先进个人	天津市水利局
王书如	2003	水利系统水政工作先进个人	天津市水利局
元绍峰	2003	水利系统水政工作先进个人	天津市水利局

获奖个人	获奖年份	荣誉称号	发证单位
滕吉瑞	2003	水利系统水政工作先进个人	天津市水利局
李俊顺	2004	天津市农村饮水解困工作先进个人	天津市委、市政府
刘培堂	2004	天津市农村饮水解困工作先进个人	天津市委、市政府
蔡连玉	2004	天津市农村饮水解困工作先进个人	天津市委、市政府
孙正清	2004	天津市农村饮水解困工作先进个人	天津市委、市政府
夏广奎	2004	天津市农村饮水解困工作先进个人	天津市委、市政府
于建国	2004	天津市农村饮水解困工作先进个人	天津市委、市政府
窦华杰	2004	2003—2004 年度天津市水利系统精神文明建设先进个人	中共天津市水利局委员会
阎俊华	2004	2003—2004 年度天津市水利系统精神文明建设先进个人	中共天津市水利局委员会
乔润祥	2004	2003—2004 年度天津市水利系统精神文明建设先进个人	中共天津市水利局委员会
武永祜	2004	水利系统办公室先进个人	天津市水利局
穆素华	2005	农村水利工作先进个人	天津市水利局
徐廷云	2005	农村水利工作先进个人	天津市水利局
元绍峰	2005	农村水利工作先进个人	天津市水利局
范艳芳	2005	2004 年度地下水资源管理工作先进个人	天津市水利局
李建海	2006	天津市创建国家环境保护模范城市先进个人	天津市政府
袁　刚	2006	天津市创建国家环境保护模范城市先进个人	天津市政府
孙正清	2006	天津市"十五"期间防汛抗旱工作先进个人	天津市政府
夏广奎	2006	天津市"十五"期间防汛抗旱工作先进个人	天津市政府
腾吉瑞	2006	天津市"十五"期间防汛抗旱工作先进个人	天津市政府
吴英海	2006	天津市"十五"期间防汛抗旱工作先进个人	天津市政府
张喜山	2006	天津市"十五"期间防汛抗旱工作先进个人	天津市政府
刘振福	2006	天津市"十五"期间防汛抗旱工作先进个人	天津市政府
李建海	2006	天津市"十五"期间防汛抗旱工作先进个人	天津市政府
李俊顺	2006	天津市"十五"期间防汛抗旱工作先进个人	天津市政府
李金泉	2006	天津市"十五"期间防汛抗旱工作先进个人	天津市政府
彭忠清	2006	天津市"十五"期间防汛抗旱工作先进个人	天津市政府
蔡连玉	2006	天津市"十五"期间防汛抗旱工作先进个人	天津市政府

获奖个人	获奖年份	荣誉称号	发证单位
岳淑芹	2006	优秀工会工作者	天津市总工会
夏广奎	2006	水利系统水政工作先进个人	天津市水利局
潘仲臣	2006	水利系统水政工作先进个人	天津市水利局
董俊梅	2006	水资源管理工作先进个人	天津市水利局
马旭丽	2006	水资源管理工作先进个人	天津市水利局
苑贵斌	2006	水利系统文明职工	中共天津市水利局委员会
刘　晟	2006	水利系统文明职工	中共天津市水利局委员会
李树彪	2006	水利系统文明职工	中共天津市水利局委员会
文丰涛	2006	水利系统文明职工	中共天津市水利局委员会
张　凯	2007	2006 年度天津市水利系统优秀信息宣传工作者	天津市水利局
文丰涛	2007	天津市水利系统水政工作先进个人	天津市水利局
闫俊华	2007	天津市水利系统水政工作先进个人	天津市水利局
潘仲臣	2007	天津市水利系统水政工作先进个人	天津市水利局
吴英海	2008	天津市"五一"劳动奖章	天津市总工会
王淑芳	2008	2006—2007 年度精神文明建设先进工作者	中共天津市水利局委员会
吴金红	2008	2006—2007 年度精神文明建设先进工作者	中共天津市水利局委员会
滕吉瑞	2008	天津市水利工程建设先进个人	天津市水利局
袁大祥	2008	天津市水利系统优秀信息宣传工作者	天津市水利局
冯桂芹	2008	天津市水土保持监督执法专项行动先进个人	天津市水利局
潘仲臣	2009	2008—2009 年度精神文明建设先进工作者	中共天津市水务局委员会
徐延云	2009	2008—2009 年度精神文明建设先进工作者	中共天津市水务局委员会
王永新	2009	2007—2008 年度天津市水利系统文明职工	中共天津市水利局委员会
刘志强	2009	2007—2008 年度天津市水利系统文明职工	中共天津市水利局委员会
滕怀群	2009	2007—2008 年度天津市水利系统文明职工	中共天津市水利局委员会

五、职称评定

根据天津市职称评审政策和大港区职称工作办公室评审工作安排，大港区水务（水利）局每年均组织开展推荐全水务（水利）系统符合职称评审条件的专业技术人员参加专业技术职务任职资格的申报工作。

1991 年，大港区水利局机关共有干部职工 51 人，局属单位共有职工 62 人。1997 年，全局共有干部职工 189 人，有专业技术职称的共有 24 人，其中初级职称 21 人、中级职称 3 人。截至 2009 年 12 月，全局已取得高级工程师资格 10 人（其中 3 人未聘），取得高级政工师资格 3 人（其中 1 人未聘），取得工程师资格 19 人（其中 6 人未聘），取得经济师资格 4 人（其中 1 人未聘），取得政工师资格 7 人（其中 4 人未聘），取得会计师资格 3 人（其中 2 人未聘），初级技术人员资格 46 人。

2009 年大港区水务局高级职称人员统计和 2009 年大港区水务（水利）局中级职称人员统计见表 8－3－39 和表 8－3－40。

表 8－3－39　　　　**2009 年大港区水务（水利）局高级职称人员统计表**

序号	姓名	性别	职称	取得资格时间	聘任时间
1	窦华杰	男	高级工程师	2001 年 11 月	2002 年 7 月
2	滕吉瑞	男	高级工程师	2003 年 11 月	2004 年 5 月
3	刘慧志	男	高级工程师	2006 年 11 月	2007 年 5 月
4	徐廷云	女	高级工程师	2006 年 11 月	2008 年 1 月
5	陈洪霞	女	高级工程师	2007 年 10 月	2009 年 1 月
6	范艳芳	女	高级工程师	2007 年 10 月	2009 年 1 月
7	刘　晟	男	高级工程师	2008 年 12 月	—
8	李建海	男	高级工程师	2009 年 3 月	2009 年 10 月
9	李绪平	女	高级工程师	2009 年 12 月	—
10	张洪庆	男	高级工程师	2009 年 12 月	—
11	田身靖	女	高级政工师	2009 年 10 月	2011 年 10 月
12	于建国	男	高级政工师	2009 年 10 月	
13	李冬明	男	高级政工师	2008 年 9 月	

表 8 - 3 - 40　　**2009 年大港区水务（水利）局中级职称人员统计表**

序号	姓名	性别	职称	取得资格时间	聘任时间
1	王金喜	男	经济师	1999 年 7 月	2002 年 8 月
2	李绪平	女	工程师	2002 年 11 月	2003 年 10 月
3	刘晟	男	工程师	2003 年 11 月	2004 年 6 月
4	康久安	男	经济师	2004 年 11 月	2005 年 9 月
5	王德来	男	工程师	2004 年 11 月	
6	潘仲臣	男	政工师	2005 年 11 月	2005 年 11 月
7	张洪庆	男	工程师	2005 年 11 月	2006 年 6 月
8	李相立	男	经济师	2005 年 11 月	2006 年 11 月
9	马旭丽	女	工程师	2005 年 11 月	2006 年 6 月
10	张凯	男	工程师	2005 年 11 月	2006 年 5 月
11	赵玉芬	女	会计师	2003 年 9 月	2007 年 5 月
12	李向秋	男	工程师	2006 年 11 月	
13	乔运祥	男	政工师	2006 年 9 月	2008 年 7 月
14	吕树文	男	工程师	2007 年 10 月	2009 年 1 月
15	季会然	女	工程师		
16	刘利珍	女	会计师	2007 年 5 月	
17	强卫荣	女	工程师	2001 年 10 月	2009 年 10 月
18	周智慧	女	工程师	2009 年 3 月	
19	刘云岗	男	政工师	2005 年 11 月	2011 年 3 月
20	袁刚	男	工程师	2009 年 11 月	2011 年 3 月
21	王永新	男	工程师		2011 年 3 月

续表

序号	姓名	性别	职称	取得资格时间	聘任时间
22	孙成兰	女	政工师	2005 年 8 月	
23	王义海	男	政工师	2007 年 9 月	
24	李　珍	女	会计师	2008 年 9 月	
25	刘立铨	男	政工师		
26	徐淑凤	女	工程师	2010 年 3 月	—
27	王俊涛	男	工程师		
28	李志晖	女	工程师		
29	张潮增	男	工程师		
30	滕怀东	男	工程师		
31	李维兆	女	工程师		
32	朱振超	男	经济师	2010 年 6 月	
33	张喜山	男	政工师	2010 年 9 月	

第九章

水利基础工作

　　大港区水务局根据大港区的实际情况，按照国务院和市、区政府对水利工作的要求，立足于科学发展、可持续发展，明确大港区水利发展的总体思路、目标和工作重点，科学制定水利发展规划，大力推进节水技术等水利科技成果的推广和应用，有效地提高了水资源利用效率，促进了全区经济社会的可持续发展。

第一节　水　利　规　划

　　根据国家规定的建设方针和水利规划基本目标，大港区水务局从实际出发、从整体出发，坚持综合治理、综合利用、因地制宜的原则，为开发利用水资源、防治水旱灾害制定不同时期的水利发展规划。

一、大港区小型农田水利工程"八五"规划（1991—1995 年）

　　大港区"八五"期间农田水利工程建设的指导思想和主要任务：搞好农田基本建设，增强排灌能力，大搞节水工程，提高水的利用率，改良中低产田，注重现有工程修复配套，更新改造小水工程和地下水资源灌区的建设。

　　1. 大搞基本建设，恢复河道的排灌能力

　　"八五"期间计划新挖清淤干渠 24 条，81.85 千米，土方 35.85 万立方米；斗毛渠 80 平方千米，土方 71 万立方米，共计土方 163.8 万立方米。

　　2. 维修现有损坏的小型农田水利工程

　　"八五"期间计划修复泵点 59 处，桥 7 处，闸涵 79 处，机井 48 眼，防渗渠道 37 千米。

　　3. 狠抓节水工程建设，提高水的利用率

　　计划新建防渗渠道 100 千米，配套机井 50 眼，使全区农业生产机井节水工程的配套率达到 80％以上，新打机井 20 眼，改善灌溉面积 2.69 平方千米，积极推广好的节水经验，好的节水措施，改良灌溉方式，提高水的利用率。

　　4. 改良中低产田，注重配套工程

　　"八五"规划中注重要抓好低产田水利工程配套工作，计划新建闸涵 65 处，泵点

10 处，新打机井 14 眼，倒虹 6 处，渡槽 2 处，共投资 366.6 万元，改善灌溉排水条件。

5. 更新改造现有小型农田水利工程设施，恢复原来效益

在"八五"期间计划更新改造小水工程 29 项，投资 146.6 万元。

6. 解决农民生活饮水条件，改善人民生活

在"八五"期间对农村的生活用水问题进行了规划，对一些饮水有困难及水质不佳的乡村计划打 6 眼机井，以保障和提高农村人民生活用水。

加强农田水利管理，层层落实管理责任制。在"八五"期间要把小型农田水利工程的管理工作提到议事日程上来，对小型农田水利工程层层落实管理责任制，对乡村级工程落实到人，并建立奖罚制度，在"八五"期间计划对全区乡镇水利站的技术人员进行技术培训。加强国营扬水站的管理，使设备完好率在"八五"期间达95％以上，机井完好率达95％。在"八五"期间，计划加强喷滴灌的管理工作，恢复喷滴灌设备的利用率，科学用水，科学灌溉，把大港区建设成为一个科学用水的城市。

二、大港区水利发展规划（1995—2010 年）

"九五"期间，农田水利工程的指导思想和规划目标首先是搞好农田基本建设，增强排灌能力，广开水源，合理调度，大搞节水工程，提高水的利用率，改良中低产田，注重现有工程修复配套。其次是更新改造小水工程和地上水资源灌区的建设，在排涝方面要做到达标降雨无灾害，超标降雨损失小，在灌溉方面要做到一库有水保全区，两河有水南北调和充分利用城区生活污水的优势。科学规划了防洪工程治理、除涝工程、泵站更新改造工程、灌溉蓄水工程、乡镇企业供排水工程、改良盐碱地和中低产田、"411"工程、城区供排水规划等工程，这些规划的实施全面加快大港区水利建设的步伐，使大港区水利建设总体水平上一个新台阶。

三、2010 年基本实现农业现代化水利工程规划（1998—2010 年）

水利规划的指导思想：党的十五届三中全会明确提出了农业和农村工作跨世纪的发展目标和基本方针，为响应党中央的号召，加快滨海新区的发展步伐，全面解决大港区作为九河下稍在泄洪、排涝方面及干旱水环境等方面存在的问题，紧紧抓住大港区水资源严重短缺这一主要矛盾，因地制宜地实施节水型农业和科技兴水，以提高旱涝保收面积为核心，以解决农业水资源严重短缺为根本，规划总投资 153227.67 万元，并按

1998—2000 年、2001—2005 年、2006—2010 年 3 个阶段实施。

1998—2000 年规划投资 6908.53 万元。工程包括更新改造小王庄泵站，24.2 千米青静黄河道治理工程，对 672 条总长 399.1 千米的农田干渠、支渠、斗渠进行清淤，发展高标准示范区 80 公顷，发展节水工程面积 18.31 平方千米（包括原有 8 平方千米），使节水面积达到 45 平方千米，占有效灌溉面积的 41.1%。8 平方千米稻田实现"浅、湿、晒"节水技术，治理盐碱地 15.21 平方千米，增加旱涝保收面积 9.34 平方千米，更新机井 28 眼，维修机井 51 眼，恢复灌溉面积 6.67 平方千米。

2001—2005 年规划投资 34165.023 万元。工程包括更新改造自力泵站，36.4 千米青静黄河道治理工程，对 1106 条总长 839.4 千米的农田干渠、支渠、斗渠进行清淤，发展高标准示范区 1.87 平方千米，发展节水工程面积 18.48 平方千米（包括原有 8 平方千米），使节水面积达到 55.43 平方千米，占有效灌溉面积的 50.8%。4 平方千米稻田实现"浅、湿、晒"节水技术、治理盐碱地 23.41 平方千米，增加旱涝保收面积 14.67 平方千米，更新机井 45 眼，维修机井 58 眼，恢复灌溉面积 7.34 平方千米。

2006—2010 年规划投资 108366.19 万元。工程包括提高标准新建泵站七座（中塘排涝站、甜水井排涝站、张家灶排涝站、北台排涝站、小王庄排涝站、徐庄子排涝站、翟庄子排涝站），27 千米沧浪渠治理工程，28 千米北排河治理工程，对 1141 条总长 828.17 千米的农田干渠、支渠、斗渠进行清淤，发展高标准示范区 2.69 平方千米，发展节水工程面积 17.54 平方千米（包括原有 8 平方千米），使节水面积达到 72.97 平方千米，占有效灌溉面积的 66.6%。4.14 平方千米稻田实现"浅、湿、晒"节水技术增加旱涝保收面积 14.67 平方千米，更新机井 59 眼，维修机井 70 眼，恢复灌溉面积 9.67 平方千米。

"十五"期间大港区实施人畜饮水解困应急工程，太平镇窦庄子村、翟庄子村集中供水工程，人畜饮水解困工程，小王庄集中供水工程。总投资 956.33 万元，新打机井 27 眼，更新机井 5 眼，维修机井 7 眼，更新水泵 8 台套，铺设塑料管道 2.38 万米，建蓄水池 1 座，解决 20 个楼房小区和 15 个行政村的饮用水水源问题，受益人口 10.71 万人。

四、2003—2010 年大港区农村除涝规划

规划中的排沥泵站建设有两种设计方案，即达 5 年一遇和 10 年一遇标准。在这两种方案中选定两种方式，不足 5 年和不足 10 年的应增流量：①应增流量全部建固定泵

站；②不足 1 年应增流量建固定泵站，不足 10 年应增流量用装备移动泵站来解决，而移动泵站的装备量按两种规模来考虑，即应增流量的 30％和 50％。

（一）达 5 年一遇标准规划

2003—2005 年计划增加流量 17.7 立方米每秒，需投资 5442.9 万元。新建泵站 4 座，投资 1416 万元。更新泵站 1 座，投资 240 万元，动土方 757.22 万立方米，投资 3786.9 万元。

2006—2010 年计划增加流量 8.9 立方米每秒，需投资 87909.9 万元。新建泵站 1 座，投资 712 万元。动土方 1637.5 万立方米，投资 7997.9 万元。

（二）达 10 年一遇标准规划

全部建固定泵站。2003—2005 年，计划增加流量 16.4 立方米每秒，新建泵站 4 座，投资 1312 万元。

2006—2010 年，计划增加流量 20.7 立方米每秒，新建泵站 4 座，投资 1656 万元。动土方 142 万立方米，投资 426 万元。

装备移动泵站。按应增流量的 30％考虑，2003—2005 年计划增加流量 7.2 立方米每秒，需投资 360 万元，2006—2010 年计划增加流量 4.1 立方米每秒，需投资 205 万元。

按应增流量的 50％考虑，2003—2005 年计划增加流量 11.8 立方米每秒，需投资 590 万元，2006—2010 年计划增加流量 6.8 立方米每秒，需投资 340 万元。

第二节 水利科技推广利用

为适应现代农村水利发展的需要，提高水资源利用系数，大港区水务局自 1990 年开始，在全区推广防渗渠道、低压输水管道、喷灌、移动式喷灌等农业节水灌溉技术。2006 年，由天津市节约用水管理中心和大港区财政共同出资，建成国内最先进的水量遥测系统。

一、低压管道输水技术推广

采用将输水管线埋在田间地头，输水管线直径为 60 厘米，每 50 米设置一个出水口的方式，这种方式改变了"大水漫灌"的传统方式，进一步优化了区域水资源，大大提高农业水资源利用率，节约水资源的同时也提高了粮食产量与质量，大港区已铺设主管线 6 千米，全线 30 千米，完成 2 平方千米农田灌溉改造。

二、水稻节水灌溉技术推广

1998 年，大港区成立水稻节水灌溉技术推广领导小组，在大港南台村种植水稻 66.67 公顷，灌水时采用库水与沟渠水源混合使用，沟渠水源为循环水源，保证含盐量在 1.6‰左右，通过采用循环水，用水量大大降低，循环水占用水量的 30％，与传统灌溉相比节水率为 59.1％，节水灌溉技术的推广取得了初步效果。

三、节水抗旱耐盐碱植被草坪（黑麦草）试点种植

2008 年，由大港节水办公室与天津市节水中心、天津科技大学共同合作的"节水抗旱耐盐碱植被草坪"（黑麦草）试点种植工程在大港区正式启动。实验种植节水抗旱植被草皮 4800 平方米及节水抗旱耐盐碱植被草皮 200 平方米。该项目采用先进的节水专利技术，同时配备喷灌设施，以达到既美化环境，又高效利用有限水资源的目的。

四、中塘节水灌溉示范项目

大港中塘节水灌溉示范项目是水利部在天津市发展节水灌溉的示范工程。2001 年 12 月确立了工程项目实施方案。2002 年 5 月，该项目并由水利部、市水利局审批立项，总投资 300 万元。2002 年 7 月 8 日开工，12 月 28 日竣工。示范区面积 360.53 公顷，耕地 310.8 公顷，共分 9 个灌溉分区，共完成土方 133369 立方米，铺设防渗暗渠 51400 米，购置直径 90 的软管 5600 米，新建 100 方蓄水池 9 处，浇注混凝土 472 立方米，新建泵房 9 座，共计 81 平方米。毛渠排水涵 $\phi500 \times 6 \times 1.5$ 及 $\phi1000 \times 6 \times 2.5$，共 67 处，过河穿路铁管 $\phi0.3$ 有 4 处。新增节水灌溉面积 310.8 公顷，改善了项目区内农业基础设施和农业生产条件，提高了灌溉保证率和水分生产率，灌溉水利用系数由 0.45 提高到 0.86，每亩年均节水 100 立方米。

五、稳流式狭孔渗灌技术推广应用

针对大港区水资源严重匮乏的实际，为配合农业种植结构的调整，大力发展节水工程建设，进一步提高农业的科技含量，积极探索，大胆尝试，发展高新的

节水技术——稳流式狭孔渗灌技术，它是一种新型实用的微灌系统，可以将水直接作用于作物根系土壤中，显著减少水源损失，防止土地板结，节约灌溉用水，提高作物品质。大港区已发展稳流式狭孔渗灌工程 1.47 平方千米，取得显著经济和节水效益。

六、水量遥测系统

水量遥测系统从 2006 年 1 月至 2007 年 8 月为实施阶段；2007 年 8 月至 2008 年 7 月为使用观察阶段，由中心站、现场数据通信终端、电源和脉冲水表组成。中心站可设在大港区节水中心，大港城区、大港油田、官港地区的 200 眼机井设置数据通信终端（子站），由中心站主动遥测子站的水量数据，并录入数据库中，使大港油田及官港地区 85% 的机井和大港区城区 100% 的机井纳入监测范围。

中心站的主要设备有 MODEM、计算机及应用软件等，现场数据通信终端可设在水表附近的某建筑物内，系统结构如图 9-2-6 所示。

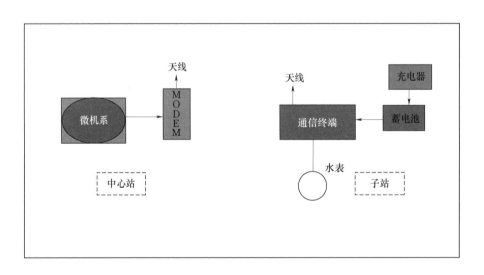

图 9-2-6　水量遥测系统结构图

水表将水量信号与机械字盘记录的同时发出脉冲信号，终端将脉冲信号累计在存储器中。当中心站遥测数据时，终端将数据通过 GSM 短信通道传送给中心站。中心站收到短信后进行解码操作，还原数据，并存储到数据库中。数据库中的数据在应用软件的支持下，可以进行各种查询、分析、统计、制表和打印等。子站由水表、通信终端、电源和防护机箱组成，其核心是通信终端。

水量遥测系统的使用，使大港区的水资源费征收率提高了 55%，每年可节约地下水资源量约为 300 万立方米。2009 年获得大港区第十届科技进步二等奖。

大港区水量遥测系统工作图如图 9 - 2 - 7 所示。

图 9 - 2 - 7　大港区水量遥测系统工作图

第三节　水利信息化建设

水利信息化是水利现代化的基础和重要标志，要以水利信息化带动水利现代化。水利信息化建设有利于提高水行政主管部门的行政效率，推进决策的科学化；有利于推进依法行政，促进政务公开和廉政建设；有利于政府服务社会，便于社会公众了解和监督水利工作。经过多年努力，大港区水务局水利信息化建设取得了可喜成绩。

一、防汛防潮信息指挥系统建设

2010 年 8 月，天津市滨海新区大港防汛防潮信息指挥系统建设完成，该系统投入使用后，将实现对大港区全部 11 条河道水情、雨情、潮情的自动化监控，有效提高大港防汛调度的能力，减少雨洪灾害造成的损失。大港防汛防潮信息指挥系统是一个以空间数据为背景，以防汛业务实时数据库为基础，以数据库技术、地理信息技术、网络技术为支撑的交互式专业信息服务平台。这套指挥系统在天津市范围内第一次使用VPDN专线，第一次使用 3G 网络传输，第一次建立独流减河三维电子沙盘。它实现天津市水务局的雨、水、潮情的相关信息与大港防汛指挥系统的共享，实现降雨、产流、汇流、排水、积水、抢险的有效统一。系统还在 6 个主要泵站建立了泵站工情遥测点，布设 8 个监控点对重点泵站和河道进行监控，同时，系统中心连接市公安局大港城区监控视频，可以针对气象、雨情、水情、灾情、社会经济等综合性信息进行查询和监控。经历了夏季两场降雨的考验，收集了大量相关信息。整个系统将于 2011 年 9 月正式投入使用。

二、大港节水信息管理系统建设

2009 年，大港区节约用水事务管理中心创建的第一套天津市大港节水信息管理系统包括计划用水管理、取水许可监督、水资源费管理、节水工程控制等 7 个子系统，2010 年节水中心内部管理系统、地下水资源监控系统和计划用水管理系统投入使用。其中地下水资源监控系统能够通过电子摄像头和红外线技术达到 24 小时实时监控机井状态信息，并完成各项数据的自动采集、存储、传输，还可以进行数据的查询、统计和分析等。节水工程控制管理系统搭建全面的项目管理信息化基础环境，以项目管理系统作为统一的软件平台，以信息化手段改进传统的项目管理模式。

该系统的建立，加强了水务部门对节水、供水的监管以及应对突发事件的能力，实现了信息集成、网上办公功能，通过对多种业务数据进行分析和挖掘，自动形成分析报告，从而加快了大港区科技兴水的步伐。

第十章

水利经济

大港区水务局所属的基层单位大部分属于自收自支单位，70％的职工工资要依靠单位创收去解决。为此，大力发展水利经济是关系到大港水务管理水平和水利干部职工队伍稳定的头等大事，是水务局的重点工作之一。1991—2009 年，大港区水利局按照"顺着水路找财路"的工作思路，创办了大港水利工程公司、大港滩海工程公司，并大力发展水产养殖，年利润逐年上升。1991 年，实现产值仅 185 万元，到 2009 年实现产值 5 亿元，上缴税金 1600 万元。与此同时，加强审计和财务管理工作，规范资金审批和使用，促进了水利综合经营的健康发展。

第一节　财　务　管　理

1991—2009 年，大港区水务局逐步加强预算管理、资金管理、固定资产管理，对各下属事业单位的财会人员进行培训，达到了持证上岗的要求，成立了内审机构，按照财务审计制度加强审计管理。

大港区水务局下属 7 个事业单位，其单位财务体制分别为：河道管理所为差额拨款事业单位、渔苇管理所为自收自支事业单位、钱圈水库管理所为自收自支事业单位、排灌管理站为自收自支事业单位（区财政拨付专项资金）、大港供水站为全额拨款事业单位、物资站为全额拨款事业单位、节水管理中心为自收自支事业单位。

一、预算管理

为保证资金及时到位，大港区水务局全面实行预算管理。水利事业费用计划根据年度实施计划编制部门预算。小型农田水利补助费、防汛岁修费、工程管理养护、物资储备根据工程实际需要核定年度预算，由区水务局向区财政上报年度计划，由区财政统一分配。水利专项费用纳入基本建设计划预算。对防汛抗旱防潮等临时补助费用计划，则根据实际情况向区财政提交计划预算报告。

二、资金管理

大港区水务局的行政事业经费通过区财政拨款，执行事业单位预算会计制度。在水利专项资金的管理上，做到以责任、人员、设计、施工、资金等方面逐一落实。实行统一项目管理、统一施工管理、统一工程验收、统一资金拨付，在措施和制度上保证了水利专项资金使用管理的规范、合法、安全，发挥应有水务效益。同时，也有效地保证了水利工程建设的质量。

1991—2009年，国家对水利事业投入的主要项目有防汛费、岁修费、其他水利事业费、小型农田水利建设资金及水利基本建设资金。2006—2009年大港区小型农田水利工程建设共完成投资6553.5万元，其中国家补1280万元，街镇自筹1590.5万元，市、区级补助3683万元。随着国家对水利资金的大幅度增加，大港区水务局在资金管理上也不断创新。

1993年，大港区水利局所属企业单位统一实行财政部颁布的《企业财务通则》和《企业会计准则》。1995年，大港区水利局所属工程管理单位统一实行财政部颁布的《水利工程管理单位财务会计制度》。1998年下发了《大港区水利局报销审批制度》，对单据、票据的报销审批做出详细规定。2001年下发了《大港区水务局财务管理制度》，2002年下发《大港区水务局基层单位财务管理规定》，进一步规范了全局的福利费、加班费、招待费等支出方面的管理。2004年开始推行会计电算化，到2008年，全局所属各个基层单位全部实现了会计电算化。会计电算化的实施，使水利建设会计信息更加规范、标准，促进了财务管理的现代化。

三、固定资产管理

大港区水务局固定资产实行分级管理，分别由局机关、各基层单位管理，管理单位根据工程设施交付使用和设备报废情况及时进行固定资产登记造册，建立明细台账，防止国有资产流失。2009年，按照财政部要求，大港区水务局建立了行政事业单位资产管理系统，实现了资产管理业务的规范化、网络化。

四、财务培训

为提高基层单位领导和财会人员的业务水平，大港区水务局多次举办财务培训班，培训内容包括法律法规、财会知识、财务管理、预算管理、财务审计等。1993年，举办基层财会人员培训班，主要就如何贯彻财政部颁布的《企业财务通则》和《企业会计准则》进行培训；1995年，举办基层科所长和财会人员培训班，学习贯彻财政部颁布的《水利工程管理单位财务会计制度》；2002年，举办大港区水利系统财会知识培训班，就贯彻执行《中华人民共和国会计法》进行培训，局机关科长、基层单位负责人、财会人员参加了培训；2003年，举办了财会人员培训班，就推行会计电算化进行了培训；2008年举办了固定资产管理培训班，全局科级干部全部参加培训。

五、审计管理

大港区水务局严格执行财务审计制度，加强审计管理。局成立了内部审计工作组，由主管局长、财务科长、综合经营科长以及2名会计师组成。每季度到基层单位查看账目情况，每半年进行内部审计1次，审计内容主要是财务管理制度是否完善、财务科目设置是否合理、资金使用是否违规，同时，邀请大港区审计局定期审计。确保了资金使用的规范、合理，在审计署和天津市审计局抽查审计过程中，没有发生任何问题。

第二节　水　费　征　收

1991—2009年，大港区水务局按照《取水许可和水资源费征收管理条例》的规定，合理进行水资源论证，统一收费标准，对生产、生活用水按照不同类别和不同水质实行不同收费标准。

大港区多年来开采地下水造成区域地下水位下降并引发一系列生态环境问题，其中以地面沉降问题最为突出。为合理开发利用和保护地下水资源，严格控制地面沉降，加强地下水资源费征收和使用的管理，鼓励节水项目，使有限的地下水资源发挥更高的效益，按照"取之于水，用之于水"的原则，其水费主要用于地下水资源的保护和管理、引水工程、节水措施、控制地面沉降、微咸水开发利用、改善城乡人民用水条件及科研。自2005年大港区节约用水办公室正式由大港区建设管理委员会移交大港区水务局以后，至2009年共收取地下水资源费6347.53万元。

水资源费属于行政事业性收费，纳入财政预算，水资源费的征收是推进节水型社会建设的一项重要资金保障措施，发挥经济杠杆的作用，引导群众树立节水意识的一项重要举措。

2009年，根据国家政策规定，为促进水资源可持续利用，筹集南水北调基金，经市政府批准，大港行政区域的地下水资源费征收标准每立方米提高0.8元，城市公共供水范围内的地下水资源费征收标准每立方米由2.6元调整为3.4元，城市公共供水范围外的地下水资源费征收标准每立方米由 2 元调整为 2.8 元。

2005—2009 年收取地下水资源费情况见表 10 - 2 - 41。

表 10 - 2 - 41 **2005—2009 年收取地下水资源费情况表**

年份	收取金额/万元	年份	收取金额/万元
2005	114.68	2008	809.89
2006	1158.53	2009	1566.7
2007	1062.45		
合计		6347.53	

大港供水厂由 1995 年新建时的水费收入 10 万元，经过 2000 年 304 万元扩建蓄水池 5000 立方米改造及应急碱水中和池工程、液氯泄露报警回收装置等设备的更新改造，2009 年供水量达到 400 多万立方米，水费收入 1108 万元。

1995—2009 年大港供水厂水费收入见表 10 - 2 - 42。

表 10 - 2 - 42 **1995—2009 年大港供水厂水费收入**

年份	水费收入/万元	年份	水费收入/万元
1995	10	2003	385
1996	141	2004	511
1997	188	2005	540
1998	210	2006	586
1999	213	2007	610
2000	185	2008	718
2001	299	2009	1108
2002	296		

第三节 综 合 经 营

1988 年，大港区水利局面对基层单位大部分都是自收自支或差额拨款单位、财政下拨资金不足、职工队伍不稳定的实际，局领导班子经过认真研究，决定成立了综合经营科，负责指导全局综合经营工作的开展，大力开展综合经营工作，增加集体收入，稳定干部职工队伍。1988 年实现产值 90 万元，实现利润 10 万元。此后，大港区水务局的综合经营实现连年递增，经济规模不断扩大，到 2009 年年底，已拥有大港水利工程公司和大港滩海公司两个大型企业，实现产值 5 亿元，上缴税金就达到1600 万元。

1991 年 12 月 14 日，组建了大港区水利工程公司，负责大港区水利工程的建设。1996 年 8 月成立大港区振津土方工程公司（后于 2007 年与水利工程公司合并）。2001 年 7 月 1 日在大港区南环路南侧，迎宾街西侧，筹集资金 280 万元建成大港区迎新综合市场，面积 3 万平方米（因政府调整规划，市场所用地块改为绿化用地，于 2009 年拆除，2010 年 11 月 30 日正式注销）。2008 年 11 月组建大港滩海工程公司。

上述企业的组建，不仅壮大了水利经济，稳定了水利队伍，而且锻炼了队伍，培养出一大批懂经营、会管理的干部，促进了水利事业的发展。

一、大港水利工程公司

天津市大港水利工程公司成立于 1992 年 3 月 6 日，现注册资本金 5 千万元整，为国有企业。公司为水利水电二级总承包施工国有企业。

公司主要经营范围：可承担各种水利水电工程，以及安装和基础工程的施工。工程包括不同类型的大坝、引水和泄水建筑物，以及过坝设施基础处理、导截流工程、水轮发电机组输变电的建筑和金属结构设备安装。压力钢管闸门制造安装，堤防加高加固，泵站、涵洞、河道疏浚工程施工。

水利工程公司主要从事水利工程建设。大港区境内一级、二级河道纵横，每年都有护坡和复堤任务，在工程施工中，形成了一套行之有效的管理模式，多次获得优良工程，在水利系统获得良好的信誉。相继承建各类型水利工程 100 多项。相继承建了大港水厂输水管线、大港城区供水泵站、官港泵站、中塘扬水站、大港电厂供水管线、独流减河护坡、友爱扬水站、乙烯排污管道、曙光里雨排、大港水库调节闸、北围堤拓宽、海河干流治理、子牙河复堤、中塘节水、大港水库引黄闸、海挡护坡、港北街排污、石化聚酯供水、大港水厂扩建、石化隔离带、大港油田供水、大港开发区供水泵站、日板浮法玻璃厂排水、滨海新区大港饮用滦河水一期、二期工程，大港水库安置区移民工程，天津市滨海新区自力泵站重建等工程。

（一）承揽的主要工程

天津市大港水利工程公司承建大型工程见表 10－3－43。

表10-3-43　　　　　　　　　天津市大港水利工程公司承建大型工程一览表

序号	工程名称	工程类别	工程规模					开工、竣工时间	质量评定结果
			技术指标	单位	数量	合同价/万元	结算价/万元		
1	太平镇西部扬水站	水利水电工程	流量	立方米每秒	10.0	539.79		1993年3月6日至10月16日	合格
2	独流减河北堤西千米桥至东千米桥段进行加固工程	水利水电工程	土方	万立方米	58.0	500.00		1994年7月1日至7月31日	合格
3	大港区城区雨排工程	水利水电工程	流量	立方米每秒	6.0	196.00		1995年2月8日至6月10日	合格
4	北大港水库调节闸工程	水利水电工程	流量	立方米每秒	102.0	1800.00	1850	1998年3月5日至7月20日	合格
5	北大港水库引黄板枢纽工程	水利水电工程	流量	立方米每秒	510.0	2010.00	2053	1999年3月20日至12月23日	合格
6	子牙河堤防渗墙工程	水利水电工程	面积	万平方米	4.1	1853.00	1892	1998年2月8日至11月3日	合格
7	中塘扬水站工程	水利水电工程	总容量	千瓦	550.0	1260.00	1280	1996年2月23日至11月21日	合格
8	友爱扬水站工程	水利水电工程	总容量	千瓦	510.0	1120.00	1135	1997年2月28日至10月4日	合格
9	中塘节水工程	水利水电工程	长度	千米	6.8	763.00	782	1999年2月10日至8月13日	优良
10	大港油田供水管线工程	水利水电工程	长度	千米	17.0	620.00	652	2000年4月20日至8月23日	合格

续表

序号	工程名称	工程类别	工程规模				结算价/万元	开工、竣工时间	质量评定结果
			技术指标	单位	数量	合同价/万元			
11	挖湖造山工程	土石方工程	土方量	万立方米	120.0	5825.00	5830	1999年10月7日至8月14日	合格
12	沙井子防洪大堤工程	土石方工程	土方量	万立方米	35.0	2013.00	2183	1996年3月17日至8月10日	合格
13	北大港水库帷幕灌浆工程	水工	深度	米	35.0	1850.00	1890	1996年2月8日至12月5日	合格
14	钱圈水库大堤垂直防工程	水工	单项	万元	780.0	780.00	788	1997年6月30日至12月25日	合格
15	大港开发区供水泵站工程	水利水电机电设备安装工程	单机容量	千瓦	620.0	842.00	851	2001年5月1日至8月30日	合格
16	独流减河左堤垂直防工程	堤防工程	数量	延米	18.0	1241.00	1256	1999年3月4日至9月12日	合格
17	大港水厂供水工程	管道工程	长度	千米	84.0	2428.00	2443	2000年4月6日至9月3日	合格
18	日板浮法玻璃厂排水工程	管道工程	长度	千米	48.0	1231.00	1245	1998年6月7日至9月18日	合格
19	大港开发区供水管线	管道工程	长度	千米	54.0	1340.00	1352	2001年5月4日至9月6日	合格
20	大港油田供水工程	管道工程	长度	千米	17.0	620.00	652	2000年4月5日至10月8日	合格

（二）水利工程公司变动

1994 年 5 月，注册资金由 200 万元变更为 606 万元；1997 年 7 月，法定代表人由王维森变更为左凤桐。

1999 年 4 月，法定代表人由左凤桐变更为元绍峰，所在地由天津市大港区港北街 81 号变更为大港区港塘公路与津歧公路交口处；2000 年 4 月，注册资金由 606 万元变更为 1539 万元；2000 年 7 月 23 日，晋升水利水电工程二级施工资质；2001 年 9 月，注册资金由 1539 万元变更为 2000 万元；2004 年 8 月，法定代表人由元绍峰变更为吴英海；2005 年 3 月，所在地由天津市大港区港塘公路与津歧公路交口处变更为天津市大港区迎宾街 81 号；2007 年 10 月，法定代表人由吴英海变更为滕吉瑞；2010 年 2 月，注册资金由 2000 万元变更为 5000 万元；2011 年 3 月，所在地由天津市大港区迎宾街 81 号变更为天津市滨海新区大港迎宾街 81 号。

二、滩海工程有限公司

1987 年成立河道管理车队，1996 年组建振津土方工程公司，2004 年 1 月 1 日合并为服务公司，到 2008 年 3 月组建起大港区水务局滩海工程项目部，2008 年 11 月又与天津大港振津土方工程公司合并重组，注册成立天津市大港区滩海工程有限公司。公司注册资本 200 万元，新成立时正式职工 14 人，临时工 7 人，截至 2010 年，公司员工发展到 40 人，其中正式工 14 人，临时工 18 人，大学生 8 人。主要服务于南港工程建设，逐步成为水务局的支柱企业。

2008 年公司承揽的主要工程：大港电厂新建吹灰池北、东防波堤工程（0~1+600 标段），工程造价 8642.43 万元；大港滨海石化物流综合基地取土场改造工程，工程造价 717.37 万元；天津南港工业区北围堰西延（一期）临时道路工程，工程造价 523.01 万元；大港电厂二站场地垫土工程，工程造价 590.00 万元。

2009 年公司承揽的主要工程：天津南港工业区二期南隔埝工程，工程造价 10279.65 万元；天津南港工业区起步区 B05 路基南北延伸工程四标施工工程，工程造价 883.30 万元；天津南港工业区起步区 B05 路基南北延伸工程一标施工工程，工程造价 2049.40 万元；南港工业区（三期）陆域土回填场平施工 21 标段地块工程，工程造价 18123.35 万元。

2010 年公司承揽的主要工程：天津南港工业区长芦盐厂和光明虾池回填土 12 标段工程，工程造价 1027.64 万元；天津南港工业区二十环支路南环路基围埝工程，工程造价 7502.47 万元；子牙新河主槽闸临时桥及连接路工程，工程造价 1334.97 万元；天津南港工业区长芦盐场临时路工程三标段工程，工程造价 658.10 万元。

　　滩海公司自组建以后，到 2010 年共计创造产值约 7 亿元，利润约 1.5 亿元，成为入驻南港工业区的第一家国有施工企业公司。

三、种养产业

　　大港区水务局综合经营工作，除积极争取工程建设以外，还充分发挥自身优势，大力发展水产养殖、芦苇种植，并创造了良好的经济效益。1994—2009 年渔苇管理所生产产值和 1991—2009 年钱圈水库苇鱼情况见表 10 - 3 - 44 和表 10 - 3 - 45。

表 10 - 3 - 44　　　　　　　**1994—2009 年渔苇管理所生产产值一览表**

序　号	年　份	年产值/万元
1	1994	41.9
2	1995	127.9
3	1996	252.9
4	1997	155.1
5	1998	298.3
6	1999	392.8
7	2000	490.0
8	2001	481.8
9	2002	502.8
10	2003	494.3
11	2004	629.4
12	2005	655.9
13	2006	716.4
14	2007	682.2
15	2008	599.2
16	2009	774.7

表 10 - 3 - 45　　**1991—2009 年钱圈水库苇鱼情况一览表**

年份	鱼、虾、蟹苗投放 尾数/万尾	鱼、虾、蟹 产量/万公斤	渔业效益/ 万元	苇产量/ 万公斤	苇业效益/ 万元
1991	1	0.5	2	250	50.0
1992	1	0.5	2	200	45.0
1993	1	0.5	3	200	44.8
1994	4	2.5	20	140	27.0
1995	4	2.5	20	250	75.0
1996	5	2.5	25	250	45.0
1997	6	3.0		300	170.0
1998				150	44.0
1999				100	16.0
2000				100	16.0
2001	50	22.5	140	220	75.2
2002	400	1.0	12	175	33.7
2003	104	3.5	20	240	55.0
2004	104	3.5	25	250	66.0
2005	116	6.5	26	175	50.0
2006	103	3.0	27	150	20.0
2007	400	1.0	8	50	7.0
2008	201	4.0	31	135	27.0
2009	201	3.5	45	250	50.0

附　录

附录一 关于大港区水利局更名为大港区水务局的批复

津港编字 (2001) 4 号

区水利局：

　　根据《国务院关于加强城市供水节水和水污染防治工作的通知》（国发〔2000〕36号）文件精神和市水利局的有关要求，为切实加强我区水资源的统一规则和管理，加强和改进城区供水节水和水污染防治工作，促进经济社会的可持续发展。经区委、区政府批准，同意大港区水利局更名为大港区水务局，有关职能调整逐步理顺。更名后，其机构规格、人员编制及经费渠道等均不变。

　　此复

天津市大港区机构编制委员会

二〇〇一年二月十六日

附录二 关于中共天津市大港区水利局委员会更名的通知

津港党〔2001〕11 号

各乡镇党委，区委各部委，区级国家机关各党组（党委），各人民团体党组：

区委决定：

中共天津市大港区水利局委员会更名为中共天津市大港区水务局委员会。

中共天津市大港区委员会

2001 年 4 月 3 日

附录三 关于印发大港区加强地下水资源管理办法的通知

大港政发〔2007〕8 号

（大港区人民政府办公室 2007 年 2 月 28 日印发）

各镇人民政府，各街道办事处，各委办局，区直各单位，驻区各企事业单位：

《大港区加强地下水资源管理办法》已经区第八届人民政府第二次常务会议研究通过，现印发给你们，请认真遵照执行。

天津市大港区人民政府

二〇〇七年二月二十八日

大港区加强地下水资源管理办法

第一条 为进一步规范和加强水资源合理开发、利用、保护和管理，有效控制地面沉降，真正实现水资源可持续开发和利用，根据《中华人民共和国水法》《取水许可和水资源管理条例》（国务院令第 460 号），结合区水资源管理实际，制定本办法。

第二条 各用水单位和个人应严格按照取水许可规定，向区水务局提出申请，提交用水计划；经批准后，在取水的有效期和取水限额内合理利用水资源。未经批准不得取水。

第三条 在本行政区域范围内新打机井，应向区水务局（区节约用水办公室）提出申请，区节约用水办公室进行水资源项目论证后，依法作出是否许可的决定。

第四条 各用水单位和个人应加强取水设施管理，按照国家标准，统一安装计量设施，纳入统一管理，并保证其正常运行与维护，不得擅自拆除更换。

第五条 各用水单位和个人有责任和义务按照《取水许可和水资源管理条例》和天津市财政局、天津市物价局《关于地下水资源费收费标准》（津价商〔2002〕504 号）文件精神，缴纳水资源费。凡超计划和超定额部分，按照《天津市节约用水管理条例》的有关规定执行。

第六条 凡公益性用于社会福利、农业等，可以予以优惠，但需要经区水务局审批。

第七条 落实奖惩制度，对于违法使用或者浪费水资源的。依据《中华人民共和国水法》和《取水许可和水资源管理条例》，依法予以处罚；对于节约、保护水资源的，给予相应奖励。

第八条 本办法施行后，对仍不如实缴纳或少交纳水费、不安装计量设施、不办理取水许可证等行为，依法进行查处。

第九条 本办法由区水务局负责解释。本办法自 2007 年 3 月 1 日起施行。

附录四　关于区建设和交通局塘沽、汉沽、大港分局内设机构和人员编制的批复

津滨编字〔2010〕17 号

区建设和交通局：

你局报来《关于区建设和交通局塘沽、汉沽、大港分局内设机构和人员编制的请示》（津滨建交报〔2010〕98 号）收悉。根据市委办公厅、市政府办公厅《关于印发〈天津市滨海新区塘沽、汉沽、大港管理机构设置方案〉的通知》（津党办发〔2010〕54 号）精神，天津市滨海新区建设和交通局塘沽、汉沽、大港分局为你局的派出机构，分别由原塘沽区、汉沽区、大港区建设管理委员会、交通运输管理局、水务局、人民防空办公室（地震办公室）整合组建，承担建设、交通运输、水务、人民防空和防震减灾工作。经研究，现就有关事项批复如下。

一、派出机构加挂牌子

天津市滨海新区建设和交通局塘沽分局加挂天津市滨海新区水务局塘沽分局和天津市滨海新区塘沽人民防空办公室（地震办公室）牌子。

天津市滨海新区建设和交通局汉沽分局加挂天津市滨海新区水务局汉沽分局和天津市滨海新区汉沽人民防空办公室（地震办公室）牌子。

天津市滨海新区建设和交通局大港分局加挂天津市滨海新区水务局大港分局和天津市滨海新区大港人民防空办公室（地震办公室）牌子。

二、内设机构

区建设和交通局塘沽、汉沽、大港分局分别设 16 个内设机构：

（一）办公室

（二）党群工作科

（三）行政审批科

（四）政策法规科

（五）计划财务科

（六）工程建设科

（七）公用事业科

（八）房地产和建筑节能科

（九）客运管理科

（十）货运管理科

（十一）水运管理科

（十二）防汛抗旱和防潮管理科

（十三）水政水资源科

（十四）水务工程科

（十五）市政公路科

（十六）人防和地震科

三、人员编制

区建设和交通局塘沽分局机关行政编制 70 名。其中局长 1 名，副局长 3 名；内设机构领导职数 16 正 17 副。

区建设和交通局汉沽分局机关行政编制 50 名。其中局长 1 名，副局长 3 名；内设机构领导职数 16 正 7 副。

区建设和交通局大港分局机关行政编制 55 名。其中局长 1 名，副局长 3 名；内设机构领导职数 16 正 9 副。

此复

天津市滨海新区机构编制委员会

2010 年 11 月 3 日

《大港区水务志》（送审稿）专家组评审意见

2015年1月8日，天津市水务志编委会根据大港水务分局《关于对〈大港区水务志〉（送审稿）进行评审的请示》，组织召开《大港区水务志（1991—2009年）》评审会。参加会议的有天津市地方志办公室，水利部海河水利委员会，天津市水务局，滨海新区塘沽水务分局、大港水务分局等单位的领导、修志专家及撰稿人。会议成立了专家组（名单附后），与会人员听取了大港区水务分局关于《大港区水务志》（送审稿）编纂工作的汇报，审阅了《大港区水务志》稿件。经认真评议，各位专家对本志予以肯定，具体评审意见如下。

一、本志运用了述、志、记、图、表、录多种体裁，体例齐全，观点正确，主线突出。

二、本志全面系统地记述了本行政区域（1991—2009年）水利环境、水资源、防汛抗旱、农村水利、城乡供水与排水、工程管理、水法制建设、机构与队伍建设、规划与教育、水利经济等诸方面的发展与现状，符合专业志书的编纂要求。

三、修改意见

（1）节以下结构需进一步调整，交叉重复部分应进一步归纳删改。

（2）按照更加突出专业特色和地方特色的要求，进一步补充相关资料，特别是注重记述事物发展变化过程，把事件的发生、发展和结果写清楚。

（3）语言应进一步专业和准确，行文需要进一步规范。

（4）大事记条目的内容和要素要齐全。

（5）图片、表格按照规范修改，图按事归类，表要紧随其文，增加时间表述。

（6）称谓、计量单位、时间的表述应统一按照有关规定订正。

综上，专家组建议：《大港区水务志（1991—2009年）》送审稿按上述专家建议进行调整补充修改后，报送终审。

专家组长：

2015年1月8日

索　引

说明：1. 本索引采用主题分析索引法，主题词词首按汉语拼音字母顺序排列。

2. 主题词后的数字表示其所在的页码。

编　后　记

　　《大港区水务志（1991—2009年）》的编纂工作，是在天津市水务局《天津水务志》编办室的指导下，在大港区水务局党委的领导下，按照天津市水务局的统一部署，于2009年5月开始准备，大港区水务局领导组织有关人员召开续志工作会议，传达贯彻市水务局关于续志工作的文件精神，确定大港区水务志编纂工作的指导思想，成立由局长任组长、主管行政工作的副局长和办公室主任为副组长的续志工作领导小组，并聘请退休老同志为主笔，同时，制订了大港区水务局续志工作计划。

　　2010年4月，担任续志工作的主笔因故辞任，使续志工作一度处于停滞状态。为保证续志工作的顺利进行，8月，经局长办公会议研究，对续志工作人员进行调整，组成新的续志编写组，重新修订编写提纲、排出时间表，使续志工作得以继续推进。

　　续志工作重新启动后，编写组人员按照提纲，在上部志书篇目的基础上，根据实际情况认真研究设计志书篇目。召开全局科所长会议，听取各职能科室和基层单位的意见和建议，并走访退休的老同志，广泛征求意见，对志书的篇目进行反复的修改、调整和完善。志书篇目确定后得到了天津市水务局《天津水务志》编办室的认可。

　　按照确定的篇目，编写组人员立即着手搜集资料，由于在2003年，为了支持大港区档案局晋升市二级，局档案室将所有档案和技术资料全部移交给区档案局，因此，查找难度十分大。编写组人员在档案局连续查阅近5个月资料，查阅史料档案600多卷，在局档案室查阅档案资料100多卷。同时，组织业务干部和退休老同志召开座谈会，请他们找出当年的工作记录，一起回顾大港区水务局的发展历史。通过近1年时间的努力，编修组积累了大量的资料，初步掌握了大港区水务工作20年来的沿革、发展情况。在此基础上，经过6个多月的紧张工作，于2013年3月完成志书初稿。

　　2013 年 5 月，天津市水务局《天津水务志》编办室对《大港区水务志（1991—2009 年）》初稿提出了修改意见。根据专家的意见，修志人员对志书重新进行了修改和完善。一是对志书重新进行断代，根据 2010 年大港区政府撤销，大港区与塘沽区、汉沽区合并为滨海新区的行政区划变更情况，将志书的截点提前到 2009 年；二是对大港区行政区划图、大港区水利工程位置图加以补充；三是对每个章节认真归纳，编写出章下无题序，以突出大港区的特色，方便读者阅读。经过 5 次反复修改，于 2015 年 1 月 8 日，通过天津市水务局水务志编纂委员会的评审。

　　这次修志广泛搜集了大港区 1991—2009 年各方面的水利资料，入志史料均经过考证，科学分类，翔实地记述了大港区 20 年来水利事业发展的历程，与前志相承接，并对有关的数据重新进行的订正，使志书具有连续性、系统性，为今后水利建设及改革发展提供了参考和借鉴作用。

　　在志书编纂过程中，我们得到了天津市水务局《天津水务志》编办室主任和其他专家、编辑的大力支持，以及大港区地方志办、大清河管理处等单位的同志们的帮助，在此一并表示衷心感谢。

　　因编者水平所限，志书难免存在不当之处，恳请予以批评指正。

编者

2015 年 8 月